1. 魁核桃砧木苗
2. 接穗
3. 接穗取芽之一
4. 接穗取芽之二

1. 接芽绑扎之一
2. 接芽绑扎之二
3. 嫁接后剪砧
4. 接芽萌发成苗

1. 核桃苗圃
2. 嫁接不亲和（小脚）
3. 夏季修剪
4. 冬季修剪

1. 结果母枝　　2. 核桃大树　　3. 改良分层形结果树　　4. 核桃间种丹参

核桃
优质丰产栽培

HETAO YOUZHI FENGCHAN ZAIPEI

梁 臣 主编

中国科学技术出版社
·北 京·

图书在版编目（CIP）数据

核桃优质丰产栽培 / 梁臣主编 . —北京：
中国科学技术出版社，2017.8
ISBN 978-7-5046-7593-4

Ⅰ. ①核… Ⅱ. ①梁… Ⅲ. ①核桃－果树园艺
Ⅳ. ① S664.1

中国版本图书馆 CIP 数据核字（2017）第 172711 号

策划编辑	张海莲	乌日娜
责任编辑	张海莲	乌日娜
装帧设计	中文天地	
责任印制	徐　飞	

出　　版	中国科学技术出版社
发　　行	中国科学技术出版社发行部
地　　址	北京市海淀区中关村南大街16号
邮　　编	100081
发行电话	010-62173865
传　　真	010-62173081
网　　址	http://www.cspbooks.com.cn

开　　本	889mm×1194mm　1/32
字　　数	140千字
印　　张	6
彩　　页	4
版　　次	2017年8月第1版
印　　次	2017年8月第1次印刷
印　　刷	北京威远印刷有限公司
书　　号	ISBN 978-7-5046-7593-4 / S・664
定　　价	25.00元

（凡购买本社图书，如有缺页、倒页、脱页者，本社发行部负责调换）

本书编委会

主　编
梁　臣

编著者（按姓氏笔画为序）

王小耐　王治军　尹　华　周林召

郭晋太　畅凌冰　梁　臣　魏素玲

Contents 目 录

第一章

核桃栽培的生物学基础

核桃树为落叶大乔木，树高 10～30 米，寿命一般为 100～200 年，最长可达 800 年以上。幼树期树冠直立生长，进入成年期后，枝条平生或斜下生长，树冠大而开张，呈自然半圆头或圆头状。嫁接核桃苗栽后 2～3 年就能结果，6～8 年进入结果盛期，实生核桃苗栽植后结果早晚差别很大。早实品种的实生苗栽后翌年部分植株即可结果，晚实品种的实生苗或实生核桃种子播种苗栽后 5～8 年才能结果，有些植株 10 年后才可见果。通常情况下核桃的结果期可持续 50～100 年。

一、核桃生长习性

（一）根　系

核桃树根呈灰褐色，表面比较光滑。核桃树根系由主根、侧根和须根组成。主根由种子胚根发育形成，在土壤中呈垂直状态分布，幼苗期和幼树期十分明显。侧根是从主根侧面生长出，横向延伸，随着树龄的增长和环境条件的影响，特别是植苗建园的核桃树，主、侧根有时不太明显，在主、侧根上生长着具有吸收营养、水分功能的须根（图 1-1）。

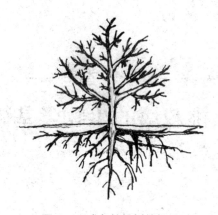

图1-1 成年核桃树的根系

核桃树为深根性树种，幼树根系生长快，成年大树根系庞大。强大的根系是核桃树生长量大、抗风、抗旱、丰产等能力强的基础。核桃树根系分布的深度和水平分布的范围与立地条件及人工管理水平密切相关。在土层深厚的黄土丘陵、山前缓坡、平地，土壤疏松、地下水位低，垂直根可深达7米以上，水平根扩展可超过树冠的2倍以上；在比较贫瘠的山坡地，核桃树的根系较浅，个别树的根系可沿石头缝隙延伸到肥水较多的深处或较远的地方；山坡梯田上的核桃树，根系顺坡延伸，梯田内侧根系伸向土层内部，外侧根系沿边缘伸展，其根系的数量和伸展范围显著超过山坡地；在地下水位较浅的河滩地，垂直根系较浅，水平根系伸展范围较大，须根丰富；丘陵黏重土壤上的核桃树，或有硬土层的黏土地上的核桃树，根系垂直分布和水平伸展均受到很大限制。因此，在山坡土质浅薄或黏重土地有硬土层的地区，栽植前应深挖树穴，为根系向深处生长创造条件。核桃树根系生长与品种、砧木及树龄密切相关。实生核桃树比嫁接核桃树根系发达，实生核桃树早实核桃后代不及晚实核桃后代根系发达；早实核桃树前期根系较晚实核桃树根系生长迅速，后期则晚实核桃树根系生长量大；用美国黑核桃魁核桃作砧木嫁接核桃树的垂直根系发达，用普通核桃作砧木嫁接核桃树的水平根系发达，用山核桃（核桃楸）作砧木嫁接核桃树的根系生长最弱。核桃树根系的生长受间作物影响比较明显，在无浇灌条件的核桃园，间作物根系的分布深度影响到核桃地下营养空间大小和对土壤水分、养分的利用，直接影响到地上树冠的生长和结果。间作物细根水平和垂直分布范围决定对地下肥水的利用效率。活性根的分布模式影响核桃的生长发育，决定了核桃园间作模式。核桃行间种植其他植物可使核桃根系的分布深度下移，一般下移20厘米左右，使水平根系的密度和长度增加，因此间作可提高核桃根系对水分和养分的利用效率。间作物种类和核桃园立地条件不同，对核桃树根系的影响差别很大。据测定，单作条件下1年生核桃树主根长为主干高的5倍以上，2年生核桃树约为2倍，3年生以上核桃树侧根数量增多，地上部生长开始加速，随树龄增长侧根逐渐超过主根；1年生核桃根系水平分布范围可达1.5米处，集中分布在0.4～0.5米范围内，超过0.5米范围逐渐下降，随树龄增加，核桃根系水平分布范围迅速扩大，逐渐布满行间。9年生核桃垂直根主要分布在0～60厘米的范围内，约占总重量的77.9%，水平根主要分布在1～2米范围，1米内最多，占37.8%，3米半径范围内减少。间作条件下核桃根系的垂直分布与单作情况较为一致，垂直根系的集中分布区较单作下移，水平根系的分布范围与单作一致，集中分布外移至0.8米，超过0.8米范围逐渐下降，随树龄增加，核桃根系水平分布范围与单作逐渐一致。早实核桃幼树较晚实核桃根系生长快。据北京林业大学观察，1年生早实核桃较晚实核桃根系总数多1.9倍、根系总长多1.8倍，细根的差别更大，这是早实核桃的一个重要特性。早实核桃发达的根系有利于对矿物质和水分的吸收，有利于树体内营养物质的积累和花芽形成，从而实现早结实、早丰产。成年核桃树根系垂直分布在20～60厘米土地层中的根量占总根量的80%以上，水平分布主要集中在以树干为圆心的4米半径范围内，大体与树冠边缘相一致。

　　核桃根系生长和分布状况，常因立地条件的不同而有所变化。据北京林业大学调查，在土壤比较坚实的石沙滩地，核桃根系多分布在客土植穴范围内，穿出者极少。在这种条件下，10年生核桃树多变成树高仅2.5米左右的"小老树"。另据河北农业大学对黄、红土和红土下为石块3种不同类型土壤的研究发现，核桃根系在黄土下生长最好，12年生树主根分布深度可达80厘米，地上部生长也健壮，以红土下为石块者地上部生长最差。

栽植方式对核桃树根系发育和分布也有一定影响。在适宜的土壤条件下，直接播种的坐地苗，除有发育良好的水平根系外，还有发达的垂直根系。移植苗（嫁接苗或实生苗）的根系则大多为水平根，垂直根生长有限。无论在根的总量、吸收根的数量，实生苗均比移植苗多。

核桃树的根系与其他果树一样，有趋肥性和趋水性。行间比行内的总根量、吸收根量多，主要因为行间耕作施肥，肥水相对行内多，有利于核桃树根系的生长发育。因此，合理的耕作制度和肥水管理，可以保证根系有充足的营养和水分供应。土壤物理性质的改善、根系生长环境通气状况良好均有利于根系生长发育和延长根的寿命。

核桃树的根颈是核桃树地上部和地下部进行营养和水分传输的关键部位，是生理上最活跃最敏感的部位，它进入休眠最晚而解除休眠最早，而且休眠不深。因其接近地表，最容易受伤和冻害，应加强保护。栽植时不可将树苗埋得过深或裸露于地表，根颈露出时，要及时埋土覆盖。

核桃根系活动受温度、水分、土壤通透性等因素影响，也受树体内营养状况和各器官生长势的制约。根系一般没有绝对自然休眠期，温度适中全年均可生长，只有在温度过低的情况下被迫休眠。当10厘米地温达到5℃～7℃时核桃树即可发生新根，15℃～22℃为根系活跃期，超过22℃则根系生长缓慢。根系活动的适宜土壤相对湿度为60%～80%，土壤水分过多会影响土壤温度和通透性，从而影响根系的正常活动；土壤水分过少，则根系生长缓慢或停止生长。根系生长受地上部各器官活动的制约，因此根系多呈波浪式生长，一般幼树全年出现3次发根高峰。春季随着地温上升，根系开始活动，当温度适宜时出现第一次生根高峰，这次根系发生高峰主要是消耗上年储藏的营养物质。随着新梢生长，养分集中供应地上部，根系活动转入低潮。当新梢生长减缓，果实尚未迅速膨大时出现第二次发根高峰，这次高峰消耗的养分是当年叶片光合作用制造的。之后果实膨大、花芽分化而且温度过高，根系活动又转入低潮。北方地区进入雨季后，土温降低，根系出现第三次生长高峰。据观察，在河南省等地核桃幼树的第一次根系生长高峰多在4月下旬至5月下旬，第二次根系生长高峰在6月中旬至7月初，第三次根系生长高峰出现在9月初，持续到被迫休眠。成年核桃树根系只有2次生长高峰，春季根系活动后，生长缓慢，直到新梢生长快要结束时形成第一次生长高峰，这是全年的主要生根高峰，到了秋季出现第二次生根高峰，但不甚明显，持续时间也短。

核桃根系生长依地区不同变化较大，温暖湿润的地区全年可有2～3次生根高峰，寒冷干旱的地区全年可能只有1次生根高峰。例如，在华北南部核桃根系全年2～3次生长高峰，在新疆阿克苏地区全年只有1次生根高峰。核桃园间作对根系生长物候期也有明显影响。据新疆农业大学朱小虎等报道，核桃行间种植小麦较种植棉花根系生长推迟10天，核桃根系生长与新梢生长交替进行。核桃树根系受伤后能产生愈伤组织，并发生不定根，增加根的总量。因此，合理的耕翻土壤和刨树盘，可以刺激不定根的产生，有利于根系更新和肥水吸收。

（二）枝　干

核桃树地上部分由树干和树冠组成。自然生长的核桃树，树干高大，树冠丰满，集约栽培后的核桃树，树干高度一般控制在80～120厘米。核桃树幼树树干表面光滑、灰白色，成年树褐色或灰褐色，有细而浅的纵向裂纹。树皮裂缝是越冬害虫的栖息场所，因此进行树干涂白，可杀死越冬害虫，保护树干。树干支撑树冠，是地上部分和地下部分养分和水分的连接通道。发育良好的树干有利于核桃树健壮生长和负载较高的产量。在栽培管理初期，要加强树干的培养和保护，避免虫害受伤或拉伤。树干的粗细与产量有密切关系，在同样的条件下，树干粗的单株比细的产量高。树干的生长与肥水条件和树龄有关，也与砧木、品种、种植密度、管理水平等相关。一般种植密度越大、单株树干越细、单位面积上树干总断面积越大，越有利于早期丰产。

核桃树的枝条按其生长的部位和顺序，可分为中心领导枝、主枝、侧枝、延长枝等。树冠是由中心领导干、主枝及各级侧枝组成骨架，其上着生各级枝组组成。核桃树干性较强，有明显的中心干。常把主、侧枝向前延长生长形成的枝条叫延长枝，枝条按生长年龄不同分为 1 年生枝、2 年生枝和多年生枝。当年生长的枝条叫新梢，没有木质化的枝条叫嫩梢。把一年之中生长的枝条，按不同的生长季节分为春梢、夏梢和秋梢，也可以称为第一次枝、第二次枝和第三次枝。把夏梢和秋梢合称为副梢。核桃的枝条粗壮、光滑，1 年生枝呈绿褐色，具白色皮孔。幼树树冠常呈金字塔形或倒卵形，随着树龄增大，产量增加，逐年变成半圆形至圆形。树冠的大小受生长环境和栽培条件的制约。较大的树冠结果多产量高，但树冠过大使单位面积株数减少，内部光照恶化，结果枝组枯死，结果部位外移，产量下降。因此，生产中不可追求过大的树冠，提倡小冠密植，并通过整形修剪缩小单株树冠体积，使其通风透光良好，以提高单位面积产量。

核桃 1 年生枝条按性质和特点分为营养枝、结果枝和雄花枝。

1. 营养枝　又叫叶枝、发育枝、生长枝。由 1 年生枝上的叶芽萌发而成。只着生叶片，不能开花结果的枝条。这类枝多着生在大枝先端，起扩大树冠和增加结果部位的作用。发育枝生长旺盛充实，各节生有复叶，叶腋间有叶芽，也可形成雌花芽或雄花芽。核桃幼树期发育枝数量多，生长量大，一般定植后 3～4 年，发育枝年生长量可达 1.5 米以上。随着树龄的增大，发育枝的数量和生长量逐渐减少，延长枝逐渐变为结果枝。在衰老的树上，发育枝被结果枝代替。高接换头的树上，最初 2～3 年也会形成大量的发育枝，但进入盛果期后，发育枝渐少。

管理水平好、生长旺盛的树，盛果期发育枝年生长量仍可达 60 厘米以上，具有旺盛的结果能力。在管理粗放、肥水不足、不修剪的情况下，发育枝数量很少，生长量仅 30～40 厘米，说明加强管理是延缓树体衰老的有效措施。

徒长枝是营养枝的一种，由于生长过旺、修剪过重或其他刺激，往往导致树冠内膛多年生大枝上的潜伏芽萌发，生出一些直立性的枝，这类过于旺长的枝叫徒长枝。徒长枝节间长、复叶薄、生长发育不充实，不能形成花芽。在幼树上，徒长枝往往成为竞争枝，消耗养分，影响骨干枝生长，扰乱树形。应根据其位置，采用拉枝的方法，改变其方向，使之转化为结果枝，或从基部疏除。盛果期的徒长枝，可将其短截后培养成结果枝组，以扩大结果部位。衰老树的徒长枝应保留，用以更新树冠。

2. 结果枝　由结果母枝上的混合芽抽生而成，结果枝顶部着生雌花序。按其长度和结果情况可分为长果枝（大于 20 厘米）、中果枝（10～20 厘米）和短果枝（小于 10 厘米）。健壮的结果枝可再抽生短枝，多数当年可以形成混合芽，早实核桃还可以当年萌发，二次开花结果。幼树多为长果枝，混合芽形成晚，质量差，坐果率低。盛果期树以中果枝和短果枝为主，混合芽充实，坐果好，果实质量高。衰老树以短果枝为主，由于肥水不足，混合芽不充实，坐果低，应去弱枝留强枝（图 1-2）。

3. 雄花枝　只着生雄花芽的细弱枝，仅顶芽为营养芽，不易形成混合芽，雄花序脱落后，顶芽以下光秃。雄花枝多着生在老弱树或树冠内膛郁闭处，是树势过弱的表现，消耗养分较多。

核桃幼树为了迅速扩大树冠，为丰产打好基础，前期部分长果枝短截后改造成结果枝组或扩大树冠；中果枝生长充实，花芽质量好，坐果率高，是初结果树的主要结果部位，结果的同时，果台副梢还可形成结果枝，保持连年结果；短果枝花芽质量好，坐果率

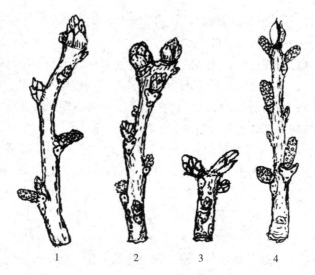

图 1-2　核桃结果枝类型

1.长果枝　2.中果枝　3.短果枝　4.雄花枝

高，是盛果期大树的主要结果部位。核桃树萌芽力和成枝力都不高，如不剪截，多单轴延长，基部多数芽成为潜伏芽，顶端萌发2～3个中长枝和几个短枝。通过适当的短截，促进叶芽萌发、抽生枝条，从而扩大结果部位、提高产量。但是，过重的短截，会助长剪口芽的长势而抑制下部芽的萌发，因此短截应适当。核桃幼树若不及时修剪，对幼树的成形和树冠扩大十分不利。在核桃幼树上，常在大枝后部萌生极短细弱枝，这些小枝易染病干枯，应及早剪除。

核桃树枝条的加长生长通常是通过顶芽的延伸或从短截枝上的腋芽抽生。枝条的生长受树龄、营养状况、着生部位及立地条件的影响。一般幼树的壮枝一年中可有2～3次生长，形成春梢和秋梢。春季日平均温度9℃时，芽开始萌动，新梢旺盛生长时间，从芽萌动后可再持续20天左右，在此期间，生长量可达到总生长量的90%以上。在中原地区，枝条于5月上旬达旺盛生长期，6月上旬第一次生长停止，之后随果实发育的逐渐减缓，6月下旬新梢开始第二次生长，持续到8月中旬，8月中旬降水多的年份出现第三次生长，干旱的年份只有少数枝条生长。

短枝和弱枝一次生长结束后即形成顶芽，健壮发育枝和结果枝可出现第二次生长。秋梢顶芽形成较晚。旺枝在夏季则继续增长而减弱。一般来说，二次生长往往过旺，木质化程度差，不利于枝条越冬，应加以控制。幼树枝条的萌芽力和成枝力常因品种（类型）而异，一般早实核桃40%以上的侧芽都能发出新梢，而晚实核桃只有20%左右。需要注意的是核桃背下枝吸水力强、生长旺盛，这是不同于其他树种的一个重要特性，在栽培中应注意控制或利用，否则会造成"倒拉枝"，使树形紊乱，影响骨干枝生长和树下耕作。

（三）芽

芽是指着生在各种枝条上的芽体。核桃芽根据其形态、构造及发育特点，可分为混合花芽、叶芽、雄花芽和潜伏芽4大类（图1-3）。

图1-3 核桃芽的种类

1.单生雌花芽 2.叠生雌花芽 3.一雌一雄叠生花芽 4.单生雄花芽
5.叠生雄花芽 6.顶生叶芽 7.腋生叶芽 8.潜伏芽

1. 混合花芽 又称混合芽，芽体肥大，近圆形或三角形，鳞片紧包，萌发后抽生枝、叶和雌花序。晚实核桃的混合花芽着生在1年生枝顶部1～3个节位处，单生、叠生或与叶芽、雄花芽上下呈复芽状态着生于叶腋间。早实核桃除顶芽为混合花芽外，其余

2～4个侧芽（最多可达20个以上）也均为混合花芽。混合花芽内含有枝、叶、雌花原始体。混合花芽萌发后长出结果枝、叶片和雌花，雌花着在结果枝顶端。混合花芽多为单芽，偶有双芽。

2. 叶芽 又称营养芽，萌发后只抽生枝和叶，主要着生在营养枝顶端及叶腋间，或结果枝混合芽以下，单生或与雄花芽叠生。叶芽呈宽三角形，有棱，一般每芽有5对鳞片，在一条枝上以春梢中上部芽较为饱满。早实核桃叶芽较少。叶芽萌发后，发生枝条和叶片，是核桃树体生长发育的基础。

3. 雄花芽 萌发后形成雄花序，多着生在1年生枝条的中部或中下部，数量不等，单生或叠生。形状为圆锥形裸芽。雄花序多少和长度、雄花芽的数量和每个雄花序着生雄花的数量与品种、类型、树势和树龄有关。过多的雄花序会大量消耗树体的营养。

4. 潜伏芽 又叫休眠芽，属于叶芽的一种，正常情况下一般不萌发，受到外界刺激后萌发成为树体更新和复壮的后备力量。主要着生在枝条的基部或下部，单生或复生。呈扁圆形，瘦小，有3对鳞片。其寿命可达数十年之久。

（四）叶

核桃叶为奇数羽状复叶，复叶柄圆形，基部肥大，小叶5～9枚，有腺点，脱落后叶痕呈三角形。复叶数量与树龄和枝条类型有关。1年生幼苗有16～22片复叶，结果初期以前，营养枝上有8～15个复叶，结果枝上有5～12个复叶。结果盛期以后，随着结果枝大量增加，果枝上一般有5～6个复叶，内膛细弱枝只有2～3个复叶，而徒长枝和背下枝可多达18个以上。复叶的多少与质量对枝条和果实的发育关系很大。据观测，着双果的枝条要有复叶5～6个及以上，才能保证枝条和果实的发育，并保证连续结实。低于4个，尤其是只有1～2个复叶的果枝，难以形成雌花芽，而且果实发育不良。叶片的功能是进行光合作用，制造有机养分、呼吸和蒸腾作用。此外，还可以通过叶片吸收水和养分。叶面喷肥是快速增加树体营养的一种有效的施肥方式。核桃叶片也是目测营养水平高低的指标之一，叶片深绿色且厚实，说明生长健壮，植株的营养水平高；叶片黄绿而且薄，说明植株缺乏肥水，应加强肥水管理。

当叶随着枝的生长而布满枝冠，就形成一个与树冠相一致的群体结构，称叶幕。叶幕结构因品种、栽植密度和气候条件有所差异，同时，整形修剪对叶幕的结构形成或调节也有较大的控制作用。叶片的状况和叶幕结构对核桃树的生长发育、产量和坚果质量都有重要作用。生产上采取一定的技术措施保护叶片的自然分布，合理的叶幕结构是丰产的基础。叶幕结构常用叶面积指数来表示，即单位面积内栽植核桃树的总叶面积与单位土地面积的比值。总叶面积大有利于光合作用，但叶片过多，又会互相遮阴而降低光合作用强度。合理的栽植密度和整形修剪能够促使形成合理的叶幕结构，提高光合利用率，实现高产、稳产。

（五）生命周期

核桃一生中的个体生长发育过程可以划分为 4 个年龄阶段，即幼龄期、生长结果期、盛果期和衰老更新期。这个过程称为核桃的生命周期。

1. 幼龄期　核桃的幼龄期是指从种子萌发至雌花开放这段时期，栽培种核桃的幼龄期是指从苗木定植至开花结实以前的时期，这段时间的长短因核桃种类、品种和接穗年龄不同而有很大的差异，一般情况下实生苗的幼龄期在6～15年，早实类型为1～3年，极少类型播种当年可以开雌花，并正常结实。接穗年龄状态对嫁接苗始果期早晚影响很大，采集成熟态接穗的嫁接苗1～3年结果，幼态接穗的嫁接苗始果年龄则推迟。另外，修剪和肥水等栽培管理措施，可以促使提早开花结实。

2. 生长结果期　从始果逐渐到大量结果，再到稳定结果这段时期，称为生长结果期。这一时期的主要特点是：树体生长旺盛，树冠快速扩大，中、长枝条量急剧增多，果实产量逐年递增；随着结实量增多，树体分枝角度逐渐开张，树冠大小趋于稳定，产量趋于平缓。这个时期要加强肥水管理，注意培养和安排好结果枝组，合理配置各类枝条，培养良好树形，在保证树体健壮生长的基础上，尽快提高产量，获得早期丰产。

3. 盛果期 从果实产量达到高峰并持续稳产的时期。早实核桃 8～12 年、晚实核桃 15～20 年进入盛果期，盛果期的长短除与品种特性有关外，适宜的栽培条件和良好的栽培管理措施也十分重要。一般盛果期在几十年，甚至百年以上。这一时期要加强光照和肥水管理，防治病虫害，保护好树体。通过修剪调节生长与结果、积累与消耗的矛盾，减轻大小年结果现象，延长经济寿命，争取稳产、高产。

4. 衰老期 从产量明显持续下降、树体开始衰老至全株死亡以前，称为衰老期。这个时期大部分骨干枝光秃，新梢生长量小而弱，结果枝组枯死量增多，后部或树冠内膛发生更新枝，树体抗逆性显著减弱，产量很低，品质差，这一时期早实核桃进入衰老期较早，晚实核桃一般 80～100 年进入此期。衰老期的前期要加强土、肥、水管理，增施有机肥。此时由于树势减弱，易发生各种病虫害，所以应及时防治病虫害，努力保持一定的产量。立地条件好的，可进行更新复壮，延长结果寿命，维持经济效益。

二、核桃开花习性

（一）花芽分化期

核桃由营养生长向生殖生长的转变是一个复杂的生物学过程。开花结实早晚受遗传物质、内源激素、营养物质及外界环境条件的综合影响，不同类群核桃开始进入结果期的年龄差别很大。例如，早实核桃在播种后 2～3 年即开花结果，甚至播种当年即可开花；而晚实核桃则在 8～9 年生时才开始结实。不过，适当的栽培措施如嫁接繁殖可以提早开花结实。

核桃花芽分化历经生理分化和形态分化两大阶段。生理分化是营养生长转向生殖生长的质变，导致质变的内因是激素、营养物质、多胺等内源物质含量的合理组合，引起内因变化的是温度、湿度、光照、水分、土壤等环境因子和修剪、施肥、施用激素及其他物质等栽培措施的综合因素。形态分化是在生理分化质变起点的基础上，在内源物质继续作用下发育构成完整花器，完成从叶芽生长点到花芽的形态建成过程。

核桃雄花芽的分化，在多数地区于4月下旬至5月上旬形成花芽原基；5月下旬花芽的直径达2～3毫米，表面呈现出不明显的鳞片状；5月下旬至6月上旬，小花苞和花被的原始体形成，可在叶腋间明显地看到表面呈鳞片状的雄花芽；到翌年4月份迅速发育完成并开花散粉。

核桃雌花芽也经历生理分化和形态分化。据河北农业大学观察，核桃雌花芽的生理分化期约在中短枝停止生长后的第三周开始，到第四至六周为生理分化盛期，第七周已基本结束。在华北地区的时间为5月下旬到6月下旬。生理分化期也称为花芽分化临界期，是控制花芽分化的关键时期。此时花芽对外界刺激的反应敏感，因此，可以人为地调节雌花的分化。如在枝条停长之前，可通过修剪措施如摘幼叶、环剥、调节光照、少施氮肥、减少浇水、叶面喷施生长延缓剂等措施，控制生长，减少养分消耗，增加养分积累，调节内源激素的平衡，从而促进雌花芽的分化；相反，如需树势复壮，则可采取有利于生长的措施，如多施氮肥、去掉部分老叶等则可抑制雌花分化，促进枝叶生长。根据核桃花芽分化多年研究结果，中、短枝停止生长3周可作为确定花芽分化的起点时间，人工促进雌花芽生理分化在中短枝刚停止生长时最为适宜。雌花芽的形态分化是在生理分化的基础上进行的，整个分化过程约需10个月。据河北农业大学在保定等地观察，雌花开始分化期为6月下旬至7月上旬，雌花原基出现期为10月上中旬，冬前在雌花原基两侧出现苞片、萼片和花被原基，以后进入休眠停止期，翌年春3月中下旬继续完成花器各部分的分化，直到开花。早实核桃二次花芽分化从4月中旬开始，5月下旬分化完成，二次花与一次花相距20～30天。形态分化期需消耗大量的营养物质，应及早供给和补充养分。

（二）开花特性

核桃一般为雌雄同株异花。但发现从新疆引种到中原地区的早实核桃幼树有雌雄同花现象，只是雄花多不具花药，不能散粉；也有雌雄花同序现象，但雌花多随雄花脱落。上述两种特殊情况基本上对生产没有实际意义。核桃雄花序一般长8～12厘米，偶有20～25厘米者，花被6裂，每小花有雄蕊12～26枚，花丝极短，花药成熟时为杏黄色。每花序着生130朵左右小花，多者达150朵，每个花序可产花粉约180万粒或更多，重0.3～0.5克。而有生活力的花粉约占25%，当气温超过25℃时，会导致花粉败育，降低坐果率。雄花春季萌动后，经12～15天，花序达一定长度，小花开始散粉，其顺序是由基部逐渐向顶端开放，2～3天散粉结束。散粉期如遇低温、阴雨、大风等，将对授粉受精不利。雄花过多，消耗过多养分和水分，会影响树体生长和结果。试验表明，适当疏雄（除掉雄芽或雄花约95%）有明显的增产效果。核桃雌花序顶生，单生或2～4朵簇生，有的品种有10～15朵小花呈穗状花序，如穗状核桃。雌花初显露时幼小子房露出，2裂柱头抱合，此时无授粉受精能力。5～8天后子房逐渐膨大，羽状柱头开始向两侧张开，此时为始花期；当柱头呈倒八字形时，柱头正面突起且分泌物增多，为雌花盛花期（图1-4），此时接受花粉能力最强，为授粉最佳时期。经3～5天后，柱头表面开始干涸，授粉效果较差。之后柱头逐渐枯萎，失去授粉能力。核桃授粉受精的时机较短暂，实验表明，自然状态下花粉粒散粉后4小时即失去生活力，而雌花的受精高峰期也较短，从柱头裂片分离至45°角开张，这一时期柱头表面分泌柱头液，能促进花粉萌发，其他时期授粉率较低。因此，核桃花期良好的天气对授粉坐果十分重要。

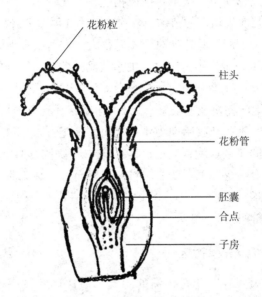

图1-4　核桃雌花纵切简图

　　核桃雌、雄花的花期不一致，称为雌雄异熟性。雄花先开者叫雄先型，雌花先开者叫雌先型，雌、雄花同时开放者为雌雄同熟型（这类情况较少）。研究认为，同熟型品种的产量和坐果率最高，雌先型次之，雄先型最低。

　　核桃一般每年开花1次。早实核桃具有二次开花结实的特性。二次花着生在当年生枝顶部。花序有3种类型：第一种是雌花序，只着生雌花，花序较短，一般长10～15厘米；第二种是雄花序，花序较长，一般为15～40厘米，对树体生长不利，应及早去掉；第三种是雌雄混合花序，下半序为雌花，上半序为雄花，花序最长可达45厘米，一般易坐果。此外，早实核桃还常出现两性花，一种是雌花子房基部着生雄蕊8枚，能正常散粉，子房正常，但果实很小，早期脱落；另一种是在雄花雄蕊中间着生一发育不正常的子房，多早期脱落。二次雌花多在一次花后 20～30 天时开放，如能坐果，坚果成熟期与一次果相同或稍晚，果实较小，用作种子能正常发芽。用二次果培育的苗木与一次果苗木无明显差异。

核桃品种不同，其花期时间相差很大。在河南省不同品种花期相差 7～10 天，生产中可通过增加主栽品种数量，减轻核桃春季冻害造成的损失。核桃花期的早晚受春季气温的影响较大。例如，云南省漾濞等地的核桃花期较早，3 月上旬雄花开放，3 月下旬雌花开放；北京地区雄花开放始期为 4 月上旬，雌花为 4 月中旬；而辽宁省旅大等地的花期最晚，5 月上旬为雌、雄花开放始期。即使同一地区不同年份，花期也有变化。对一株树而言，雌花期可延续 6～8 天，雄花期延续 6 天左右；1 个雌花序的盛花期一般为 5 天，1 个雄花序的散粉期为 2～3 天。

（三）授粉受精特性

核桃系风媒花。花粉传播的距离与风速、地势等有关，在一定距离内，花粉的散布量随风速增加而加大，但随距离的增加而减少。据研究报道，最佳授粉距离应在距授粉树 100 米以内，超过 300 米几乎不能授粉，需进行人工授粉。花粉在自然条件下的寿命只有 5 天左右。据测定，刚散出的花粉生活力高达 90%，放置 1 天后降至 70%，在室内条件下，6 天后全部失去生活力。在冰箱冷藏条件下，采粉后 12 天生活力下降至 20% 以下。在一天中，上午 9～10 时和下午 3～4 时给雌花授粉效果最佳。

核桃的授粉效果与天气状况及开花情况有较大关系。多年经验证明，凡雌花期短、开花整齐者，其坐果率就高；反之，则低。据调查，雌花期 5～7 天的坐果率高达 80%～90%，8～11 天的坐果率在 70% 以下，12 天的坐率仅为 36.9%。花期如遇低温阴雨天，则会明显影响正常的授粉受精，降低坐果率。花粉落入柱头后，只有极少数花粉管伸入胚珠，此时柱头过量的花粉即非必需，又易引起柱头失水，不利于花粉萌发，所以栽培核桃园应注意合理搭配授粉树，使雌雄花期吻合。核桃的受精过程属于双受精，即花粉管释放2个精子，分别与卵细胞和中央核结合完成受精过程。坚果由子房经受精后发育形成，子房壁的外层部分发育成核壳，核仁源于受精的胚珠，而胚则由2片肥厚的子叶及短胚轴组成，第二精子在完成与中央核结合后，发育成流质状胚乳，提供子胚迅速生长所需营养。

有些核桃品种或类型不需授粉，也能正常结出有生活力的种子，这种现象称为孤雌生殖。河北省涉县林业局于1983年观察发现，核桃孤雌生殖率可达4.08%～43.7%，且雄先型树高于雌先型树。国外有研究，观察了38个中欧核桃品种在9年中的表现，其中有孤雌生殖现象者占18.5%。此外，用异属花粉授粉，或用吲哚乙酸、萘乙酸等植物生长调节剂处理，或用纸袋隔离花粉，均可使核桃结出有种仁的果实。这一研究表明，不经授粉受精，核桃也能结出一定比例的有生殖能力的种子。这将对核桃生产和科研有一定的利用价值。

三、核桃果实生长发育习性

（一）果实生长发育规律

从雌花柱头枯萎到总苞变黄开裂，坚果成熟的整个过程，称为果实发育期。此期的长短因栽培条件和生态条件不同而异，阳坡果实成熟早，阴坡果实成熟晚；肥水条件好的地块果实成熟晚，肥水条件差的地块果实成熟早；早熟品种果实发育期短，晚熟品种果实发育期长。河南地区核桃果实发育期多为4个月左右。核桃果实发育过程可分为以下4个时期。

1. 果实速长期　果实初始形成后的30～35天，一般在5月初到6月初，是果实体积增长最快的时期，其体积生长量占成熟果实的90%以上，日平均绝对生长量达1毫米以上。但品种不同，果实生长速度也有明显的差别。

2. 果壳硬化期 又称硬核期。6月初到7月初，该期约需35天。坚果核壳自果顶向基部逐渐变硬木质化，种核内隔膜和内褶壁的弹性及硬度逐渐增加，壳面呈现刻纹，硬度加大，种仁由浆状物变成嫩白的核桃仁，营养物质也迅速积累。至此，果实大小已基本定型。据测定，果实6月11日至7月1日的20天内出仁率由13.7%增加到24.1%，脂肪含量由6.91%增加到29.24%。果壳发育与光照条件、品种特性相关，光照条件好，果壳发育好，内膛果因光照较差，果壳发育也较差，有新疆核桃基因的品种果壳发育差。

3. 油脂迅速转化期 7月上旬到8月下旬，该期需50～55天，果实大小定型后，重量仍有增加，种仁不断充实饱满，坚果脂肪（即油）含量迅速增加，可由29.24%增加到63.09%；出仁率由24.1%增加到46.8%，含水率下降，风味由甜淡变香脆。

4. 果实成熟期 在8月下旬至9月上旬，该期需15天左右。果实已达该品种应有的大小，坚果重量略增加，果皮由绿色变黄色，有的出现裂口，坚果易脱出（图1-5）。据研究，此期坚果含油量仍有所增加，采收过早会降低产量和品质。

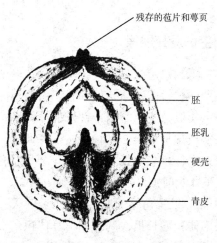

图1-5 核桃果实纵切简图

（二）落花落果特性

核桃雌花末期子房未经膨大而脱落者为落花，子房发育膨大而后脱落者为落果。一般来说，核桃多数品种落花较轻，落果较重。但有研究表明，核桃落花现象亦很严重，落花率常因品种而异，一些品种落花率可达 50% 以上，最高可达 90% 左右。

核桃落果多集中在柱头干枯后的 30～40 天。尤其是果实速长期落果最多，称为生理落果。核桃自然落果可达 30%～50%。不同品种和单株间通常落果率差异较大，多的达 60%，少的不足 10%。核桃落果与受精不良、营养不足、花期低温、干旱等有关。据报道，在陕西省商洛地区一些品种落果率达到 90% 以上，个别品种落果率达 100%。在新疆核桃产区，6～8 月份气温高、干旱，造成核桃果实发育不良，落果严重。河南省偃师市顾县镇王钢剑承包的核桃园，肥水管理良好，核桃极少落果，而相邻果园因浇水困难，果实速长期遇干旱天气，落果超过 50/%。生产中应针对落果原因，结合核桃生物学特性，在加强土、肥、水管理的基础上，花期采取叶面喷施 0.2%～0.3% 硼酸溶液、进行人工辅助授粉和疏除过多雄花芽等措施，有利于提高核桃坐果率。

第二章
核桃种类与主栽品种

一、核桃种类

核桃属植物在分类上属于被子植物门双子叶植物纲胡桃科。它在世界上分布很广，在欧洲、亚洲、南北美洲、大洋洲的60多个国家都有不同程度的种植。核桃属植物的种类较多，由于分类方法不一，目前尚无一致的数目。根据中国林业出版社出版的《中国核桃种质资源》，我国现有核桃属植物分为3个组，共9个种。

核桃组：核桃、泡核桃。

核桃楸组：核桃楸、野核桃、麻核桃、吉宝核桃、心形核桃。

黑核桃组：黑核桃、北加州黑核桃。

生产中栽培的食用核桃主要是核桃和泡核桃。核桃主要分布和栽培于我国华北、西北地区，中南地区大部，华东地区东部，以及四川和西藏东南地区等。泡核桃主要分布和栽培于云南高原地区。其他核桃种主要作为荒山绿化、用材林经营，其果实多数食用价值低，可作为工艺品的加工原料和工业原料。

二、主栽品种

我国各地有名称的核桃类型和品种共1000多种，其中通过审定的品种有400余个。根据进入结果期早晚，分为早实核桃和晚实核桃。早实核桃嫁接后2～4年进入结果期，晚实核桃嫁接后5～6年进入结果期。

（一）早实品种

1. 薄丰 河南省林业科学院1989年育成，从河南省嵩县山城新疆核桃实生园中选出。树势强，树姿开张，分枝力较强。坚果卵圆形，果基圆，果顶尖；纵径4.2～4.5厘米，横径3.2～3.4厘米，侧径3.3～3.5厘米，坚果重12～14克。壳面光滑，缝合线窄而平，结合较紧密，外形美观。壳厚0.9～1.1毫米，内褶壁退化。核仁充实饱满，浅黄色，核仁重6.2～7.6克，出仁率55%～58%。枝条节间长，中短果枝结果，果枝率90%左右，属雄先型。嫁接第二年结果，第三年出现雄花，坐果率65%左右，9月中下旬果实成熟，丰产性较强，盛果期每平方米树冠投影产仁200克以上。适应性强，抗炭疽病及黑斑病性强。适宜在山地丘陵栽植，目前在华北、西北丘陵山区推广面积很大。

2. 豫丰 河南省林业科学院从核桃实生苗中选育。该品种树势中庸，树姿开张呈圆形，分枝力较强，1年生枝黄绿色，节间较短。坚果椭圆形，单果重12.4克，纵径4.1厘米，横径3.3厘米，侧径3.6厘米，壳光滑，壳厚1.2毫米。仁充实，色浅，可取整仁，味浓香，出仁率56.3%，脂肪含量60.9%，蛋白质含量24.3%。属雄先型，极丰产，成年大树每平方米树冠投影产仁466克。嫁接苗当年即可结果，幼树栽后第二年结果率100%，5年生树进入丰产期。果实9月上中旬成熟。适宜在华北、西北地区栽培。

3. 中嵩1号 中国林业科学院经济林研究开发中心从新疆核桃实生苗中选出。该品种幼树长势较强，进入结果期后树势逐渐趋于中庸，树姿直立呈半圆形，分枝力较强，树姿开张，分枝角度大。短果枝结果为主，双果以上枝比例超过60%；异花授粉。坚果长圆形，壳光滑，外形美观。平均单果重13.5克，纵径3.85厘米，横径3.61厘米，侧径3.44厘米。缝合线较浅，结合较紧密，缝合线与缝合线正中分别有 1 道深约 0.5 毫米、宽约 1 毫米的纵沟，纵沟自果顶至果梗非常明显。壳厚 1 毫米，内褶壁退化，横隔膜膜质，出仁率约 56.4%。易取整仁，仁色金黄，风味浓香，品质上等。雌先型，果实成熟期 9 月 20 日前后，果实发育期 128 天左右。栽植第 1～2 年结果，第三年结果株率 100%，4～5 年进入盛果期，丰产性好，6 年生单株坚果产量 7.6～8.3 千克；抗旱、抗寒、抗病性强。适宜在土层深厚的丘陵、梯田和平原栽植，对肥水有一定的要求，肥水不足和管理差易造成树体早衰。

4. 绿波　河南省林业科学院从新疆核桃实生后代中选育而成。该品种树势中庸，树姿开张，分枝力强，易发生二次枝，果枝率 86%。坚果卵圆形，果基圆，果顶尖，平均单果重 12 克；壳面较光滑，缝合线隆起，结合紧密，平均壳皮厚 1 毫米，可取整仁；仁皮浅黄色，种仁充实饱满，风味香而不涩，出仁率 59%。属雌先型。丰产稳产，每平方米树冠投影产仁 160 克以上。适应性强，抗晚霜和抗病害力强。8 月底至 9 月初果实成熟。适于华北黄土丘陵区栽培。

5. 香玲　山东省农业科学院果树研究所以上宋 6 号×阿克苏 9 号为亲本经人工杂交育成。该品种树势中庸，树姿直立呈半圆形，分枝力较强，1 年生枝黄绿色，节间较短。混合芽近圆球形，大而离生，芽座小。侧生混合芽比率 81.7%。坚果卵圆形，基部平，果顶微尖，平均单果重 12.2 克；壳面光滑，平均壳皮厚 0.9 毫米，缝合线平，内褶壁退化，横隔膜膜质，易取整仁；仁皮色浅，种仁充实饱满，风味香而不涩，单仁重 7.8 克，出仁率 53%～61%。果枝率 81.7%。属雄先型。丰产性良好，盛果期产量较高，每平方米树冠投影产仁 180 克以上。适应性强，北至辽宁，南至贵州、云南，西至西藏、新疆，东至山东等多数地区大面积栽培。8 月下旬果实成熟。适宜在山地丘陵土层较厚处栽植和平原林粮间作。

6. 中林 5 号　中国林业科学院林业研究所人工杂交育成。该品种树势中庸，树冠圆头形，分枝力强，多短果枝结果，侧生果枝率

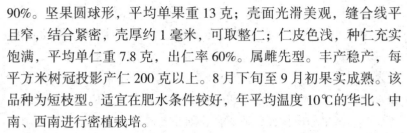

90%。坚果圆球形，平均单果重 13 克；壳面光滑美观，缝合线平且窄，结合紧密，壳厚约 1 毫米，可取整仁；仁皮色浅，种仁充实饱满，平均单仁重 7.8 克，出仁率 60%。属雌先型。丰产稳产，每平方米树冠投影产仁 200 克以上。8 月下旬至 9 月初果实成熟。该品种为短枝型。适宜在肥水条件较好，年平均温度 10℃的华北、中南、西南进行密植栽培。

7. 中林 6 号　中国林业科学院林业研究所人工杂交育成。该品种树势较旺，树冠圆头形，分枝力强，多短果枝结果，侧生果枝率 90%。坚果长圆形，平均单果重 13.8 克；壳面光滑，缝合线中等宽度，平滑且结合紧密，平均壳厚 1 毫米，内褶壁退化，横隔膜膜质，可取整仁；仁乳黄色，种仁充实饱满，出仁率约 54.3%。丰产稳产，品质极好，易带壳出售。每平方米树冠投影产仁 200 克以上。9 月初果实成熟。适宜在华北、中南、西南高海拔地区栽培。

8. 薄壳香　北京市农林科学院林业果树研究所从新疆核桃实生园中选出。该品种树势较旺，树姿较直立，分枝力较强。平均侧芽形成混合芽的比率为 70%，侧枝果枝率 23%。嫁接后第二年即开始形成雌花，3～4 年后出现雄。每个雌花序多着生 2 朵雌花，坐果率 50% 左右，多单果和双果。坚果倒卵形，果基尖，果顶微凹。纵径 4 厘米，横径 3.3 厘米，侧径 3.5 厘米，平均坚果重 12 克。壳面较光滑，有小麻点，色较深，缝合线窄而平，结合紧密，平均壳厚 1 毫米。内隔壁退化，横隔膜膜质，易取整仁，出仁率 58% 左右。早期产量较一般早实品种略低，盛果期产量中等，大小年结果不明显。在北京地区 4 月上旬发芽，雌雄花期在 4 月中下旬，属于雌雄同熟型，9 月上旬果实成熟，11 月上旬落叶。该品种较耐干旱、贫瘠土壤，在北京地区不受霜冻危害。主要栽培于北京、陕西、山西、辽宁、河北等地。适宜在华北地区栽培。

9. 辽宁 7 号　辽宁省经济林研究所 1990 年育成。新疆纸皮核桃实生后代早实后代 21102 优株×辽宁朝阳大麻核桃杂交后代。树势强，树姿开张，分枝力强。坚果圆形，果基圆，果顶圆。平均纵径 3.5 厘米，横径 3.3 厘米，侧径 3.5 厘米。壳面极光滑，色浅，缝合线窄而平，结合紧密。平均壳厚 0.9 毫米，内褶壁膜质或退化。核仁充实饱满，黄白色，平均核仁重 6.7 克，出仁率约 62.6%。中、短果枝较多，属中短枝型，果枝率 90% 左右。属雄先型。坐果率 60% 左右，多双果。9 月下旬坚果成熟，该品种适应性强，连续丰产性好，坚果品质优良，适宜在我国北方地区发展。

10. 辽宁 10 号　辽宁省经济林研究所 2006 年育成。新疆薄壳 5 号的 60502 优株×新疆纸皮 11004 优株杂交后代。树势强，树姿直立，分枝力强。坚果长圆形，果基微凸，果顶圆并微尖。平均纵径 4.6 厘米，横径 4 厘米，侧径 4 厘米。壳面光滑，色浅，缝合线窄而平或微隆起，结合紧密。平均壳厚 1 毫米，内褶壁膜质或退化。核仁充实饱满，黄白色，平均核仁重 10.3 克，出仁率 62.4%。节间较长，居中短枝型。果枝率 90% 以上。属雄先型。坐果率 62%，多双果。9 月中旬坚果成熟，该品种坚果大而品质优良，丰产性好，适宜在我国北方地区种植。

11. 鲁果 7 号　山东省农业科院果树研究所 2009 年育成。香玲×华北晚实核桃优株杂交后代。树势较强，树姿直立，分枝力较强。坚果圆形，果基圆，果顶圆，浅黄色。平均纵径 3.7 厘米，横径 3.5 厘米，侧径 3.4 厘米，平均单果重 13.2 克。壳面较光滑，缝合线平，结合紧密。壳厚 0.9～1.1 毫米，内褶壁膜质，纵隔不发达，易取整仁。核仁饱满，香味浓，无涩味，平均核仁重 7.4 克，出仁率 65.9%。果枝率 85% 左右，雌、雄花期相近，雄先型。坐果率约 70%，9 月上旬坚果成熟，该品种喜土壤肥沃的土壤，部分核桃产区引种试栽。

12. 绿岭　河北农业大学等单位 2005 年育成，为香玲核桃的芽变。树势强，树姿开张。坚果卵圆形，浅黄色，三径平均 3.4 厘米。壳面光滑美观，缝合线平滑而不突出，结合紧密。平均壳厚 0.8 毫米，内褶壁膜质或退化。核仁充实饱满，浅黄色，无涩味，浓香，平均单果重 12.8 克，出仁率 67% 以上。果枝率 80% 左右。属雄先型。9月初坚果成熟，该品种抗逆性、抗病性、抗寒性较强，对细菌性黑斑病和炭疽病具有较强的抗性。该品种栽植地宜选择土层深厚的山地梯田、缓坡地或平地。

13. 温185　新疆维吾尔自治区林业科学院从核桃实生后代中选育而成。该品种树势强，树姿较开张，枝条粗壮，发枝力强，平均果枝率76%。坚果圆形，平均单果重15克；壳面光滑美观，缝合线平或微凹，壳皮厚0.8～1毫米，偶有露仁，可取整仁；仁皮色浅，种仁充实饱满，平均单仁重10.4克，出仁率60%左右。品质上等。属雌先型。有2次雄花序，短果枝结果为主。较抗寒、抗旱、抗病。9月下旬果实成熟。该品种早期丰产性显著，坚果品质优良，适应性较强，喜肥水，适宜密植栽培。已在新疆、河南、陕西、山西、辽宁等地栽培。

14. 阿扎343　新疆维吾尔自治区林业科学院从实生后代中选育而成。该品种树势强旺，树姿开张，发枝力强，雌雄同序的二次花特多且长，平均果枝率85%。坚果卵圆形，平均单果重16克；壳面光滑美观，缝合线较平而窄，平均壳皮厚1.1毫米，可取整仁；仁皮颜色中等，种仁充实饱满，平均单仁重8.9克，出仁率55%左右。品质中上等。属雄先型。丰产性强，每平方米树冠投影产仁260克左右。抗寒、抗旱、抗病力强。9月上旬果实成熟。该品种雄花期长，适合作为雌先型核桃品种的授粉树。该品种适应性强，优质丰产，树冠紧凑，适宜密植，喜土层深厚疏松、排水良好的土壤。已在华北、西北各省栽培。

15. 珍珠核桃　四川省林业科学研究院于2007年从当地核桃实生树中选育。树势强，树姿较开张，分枝力中等。坚果圆形，果面光滑，顶具小尖，缝合线较低平，结合紧密。平均纵径2.53厘米，横径2.44厘米，侧径2.31厘米。壳面较光滑，平均壳厚0.78毫米，内褶壁退化，横隔膜膜质，易取整仁，核仁充实饱满，仁色浅，平均单果重4.51克，核仁重2.72克，出仁率60.3%。坐果率60%以上，2～4果，多3果。雄先型。9月中旬坚果成熟，该品种耐寒、耐旱、较丰产，宜加工休闲食品或带壳销售。适宜在川西北、川西南山地和盆地北缘和东北缘核桃栽培区发展。

（二）晚实品种

1. 礼品 1 号　辽宁省经济林研究所 1989 年从新疆晚实核桃 A2 号实生后代中选育。树势中等，树姿开张，分枝力中等。坚果长圆形，果基圆，果顶圆并微尖。平均纵径 3.5 厘米，横径 3.2 厘米，侧径 3.4 厘米。壳面光滑，色浅，缝合线窄而平，结合不紧密。平均壳厚 0.6 毫米，内褶壁退化。核仁充实饱满，黄白色，平均核仁重 6.7 克，出仁率 70%。长果枝结果为主，坐果率约 50%，雄先型。9 月中旬坚果成熟，该品种适宜在我国北方地区种植。

2. 礼品 2 号　辽宁省经济林研究所从新疆晚实纸皮核桃实生后代中选出。该品种树势中庸，树姿半开张，平均果枝率 60% 左右。坚果长圆形，平均单果重 13.5 克；壳面较光滑，皮色淡黄，缝合线较礼品 1 号结合紧密，壳厚约 0.7 毫米，用指捏即开，易取整仁；仁皮色浅，种仁充实饱满，平均单仁重 9.1 克，出仁率 67.4% 左右，风味优良。属雌先型。越冬无抽条现象，抗病力强。9 月中旬果实成熟。已在辽宁、河北、北京、山西、河南等地扩大栽培。适宜我国北方核桃栽培区栽培。

3. 晋龙 1 号　山西省林业科学研究所选育。该品种树势强健，树姿开张，果枝率 50% 左右。坚果近圆形，平均单果重 14.85 克；壳面较光滑，平均壳皮厚 1.1 毫米；可取整仁，种仁饱满；仁皮黄白色，平均单仁重 9.1 克，出仁率 61% 左右，仁味香甜。品质上等。属雄先型。抗寒、耐旱、抗病力较强。9 月中旬果实成熟。主要分布在山西、北京、山东、江西、陕西等省（市）。适于华北、西北地区栽培。

4. 晋薄 2 号　山西省林业科学研究所选育。该品种树势中庸，树姿开张，果枝率 12.6% 左右。坚果长圆形，平均单果重 12.1 克；壳面光滑，平均壳皮厚 0.63 毫米，可取整仁；仁皮黄白色，平均单仁重 8.58 克，出仁率 71.1%，仁味浓香。品质优良。属雄先型。抗寒、耐旱、耐瘠薄、早期丰产性强。9 月上旬果实成熟。主要栽培于山西、山东、河南等省。适于华北、西北丘陵地区栽培。

5. 晋龙 2 号 山西省林业科学研究所选育。该品种树冠中等大，树势强旺，分枝力中等。坚果圆形，平均单果重 15.92 克；壳面光滑，平均壳厚 1.22 毫米，可取整仁；仁皮浅黄白色，单仁重 9.02 克，种仁饱满，出仁率 56% 左右，仁味香甜。品质上等。该品种坚果品质优良，果型较大而美观。属雄先型。抗寒、耐旱、抗病力较强。9 月中旬果实成熟。主要栽培于山西、山东、北京等地。适宜在华北、西北丘陵山区栽培。

6. 西洛 1 号 西北林学院从实生核桃中选育而成。该品种树势健壮，树姿直立，盛果期后逐渐开张，平均果枝率 35%。坚果椭圆形，平均单果重 13 克；壳面较光滑，平均壳厚 1.13 毫米，易取整仁；仁皮色较浅，平均出仁率 56%，仁味香脆。品质上等。属雄先型。9 月中旬果实成熟。主要栽培于陕西、甘肃、山西、河南、山东、四川、湖北等省。适宜在华北、西北丘陵地区栽培。

7. 西洛 3 号 西北林学院从实生核桃中选育而成。该品种树势较强，分枝力中等，平均坐果率 60%，且 90% 为双果，坚果 9 月上中旬成熟。坚果圆形或椭圆形，壳面光滑，平均单果重 14.1 克，平均壳厚 1.2 毫米。核仁饱满，取仁容易，平均出仁率 59.6%。含油率 69.6%。该品种与其他品种间均具有较强的嫁接亲和力，嫁接成活率高。嫁接苗定植后第 5～6 年进入盛果期，且盛果期长，有较强的抗旱、抗病性，耐土壤瘠薄，丰产性能好。适宜在华北、西北丘陵山区栽培。

8. 秦核 1 号 陕西省果树研究所主持的全省核桃协作组选育。该品种树势旺盛，树姿较开张，结果枝较长。坚果长倒卵形，平均单果重 14.3 克；壳面较光滑，平均壳皮厚 1.1 毫米，可取整仁或半仁；种仁饱满，仁皮色浅或中等，平均单仁重 7.2 克，出仁率约 53.3%。属雄先型。抗寒、抗病力强。9 月上旬果实成熟。该品种丰产稳产，抗逆性强。适宜在黄土区栽培。

（三）国外品种

1. 爱米格 1984 年由中国林业科学院经济林研究室引进。该品种树体较小，树姿较开张，坚果略长圆形，单果重约 10 克，壳面棕色，较光滑，缝合线平，结合紧密。平均壳厚 1.4 毫米，易取仁，平均出仁率 52%。核仁色浅，雌先型，9 月上旬坚果成熟，适于密植栽培，辽宁、北京、山东和河南等地有少量栽培。

2. 契可 1984 年由中国林业科学院经济林研究室引进。树势较旺，较直立，树体小，属早实品种。每雌花序 2～3 朵雌花，雄先型。果枝率 90% 以上，嫁接第二年开始结果。坚果略长圆形，果基平，果顶圆。平均纵径 4 厘米，横径 3.5 厘米，侧径 3.4 厘米，平均单果重 8 克，平均核仁重 5 克。壳浅色，光滑，缝合线略宽而略凸起，结合紧密，平均壳厚 1.5 毫米。易取仁，平均出仁率 47%。核仁充实饱满，色浅，品质极优。坚果 9 月上旬成熟。该品种在原西北林学院校园内表现极丰产，对华北地区的气候适应性较强，尤其适宜在肥水条件较好的园地密植或篱式栽培。

3. 哈特利 1984 年由中国林业科学院经济林研究室引进。树势较强，树姿较直立，分枝力较强，中果枝结果为主。平均侧生混合芽 30%。坚果果基平，果顶较尖，似心脏形，平均单果重 14.5 克。壳面光滑，缝合线平，结合紧密。平均仁重 6.7 克，出仁率约 64%。坚果 9 月中旬成熟。该品种坚果形似钻石，外形美观，是美国市场主要的带壳销售品种。

4. 清香 日本人清水直江从晚实核桃的实生群体中选育，20 世纪 80 年代初由日本核桃专家赠送给河北农业大学引入我国。该品种坚果椭圆形，外形美观，平均单果重 14.3 克，缝合线紧密，平均壳厚 1 毫米，内褶壁退化，横隔膜膜质，可取整仁。出仁率约 53%，仁饱满，浅黄色，树势中庸，树姿半开张，枝条粗壮，顶花芽结果，结果枝率 60% 以上，坐果率 85% 以上。该品种抗病性极强，树冠高大，是村庄绿化美化、行道树、庭院栽植的理想经济林。雄先型，中晚熟品种。适宜在华北、西北、东北南部和西南部分地区栽培。

5. 彼得罗 1984 年由中国林业科学院经济林研究室引入。该品种坚果长椭圆形，壳面较光滑，平均单果重 12 克，缝合线略凸起，结合紧密，平均壳厚 1.5 毫米，内褶壁退化，横隔膜膜质，可取整仁。平均出仁率 48%，仁饱满，幼树生长旺，树姿半开张，发芽晚，抗晚霜强。中熟品种，丰产，在河南省洛阳市的汝阳、洛宁等地生长结果良好，表现抗病性强，嫁接后结果早，株冠紧凑，适应性强，丘陵、山地都能丰产。适宜在生长期 200 天以上地区栽培。

6. 强特勒 1984 年由中国林业科学院经济林研究室从美国引入。该品种坚果长圆形，壳面光滑，平均单果重 11 克，缝合线窄而平，结合紧密，平均壳厚 1.5 毫米，内褶壁退化，横隔膜膜质，可取整仁。出仁率约 50%，仁饱满，乳黄色，浓香。幼树生长旺，树姿较直立，小枝粗壮，发芽晚，抗晚霜强。雄先型，中早熟品种，丰产。在河南省洛阳市的汝阳、洛宁等地生长结果良好，表现抗病性强，嫁接后结果早，株冠紧凑，适应性强，丘陵、山地都能丰产。侧生混合芽率 90% 以上，坐果率高，嫁接树 2 年结果，4～5 年进入丰产期。适合生长期 220 天以上地区栽培，喜土层厚、肥水条件好的立地条件栽培。

7. 维纳 1984 年由中国林业科学院经济林研究室引入。该品种坚果锥圆形，果基平，果顶尖，壳面较光滑，平均单果重 11 克，缝合线略宽平，结合紧密，平均壳厚 1.4 毫米，内褶壁退化，横隔膜膜质，可取整仁。出仁率约 50%，仁饱满。幼树生长旺，树姿较直立，抗寒强。早实品种，雄先型，中熟品种，丰产，抗病性强，嫁接后结果早，株冠紧凑，适应性强，丘陵、山地都能丰产。适宜在华北地区栽培。

8. 希尔 1984 年由中国林业科学院经济林研究室引入。该品种坚果椭圆形，壳面较光滑，平均单果重 12 克，缝合线结合紧密，平均壳厚 1.2 毫米，内褶壁退化，横隔膜膜质，可取整仁。出仁率约 59%，仁饱满，幼树生长旺，树势旺。雄先型，中熟品种，丰产性差，可作行道树或堰坎固土林，适宜在华北、西北地区栽培。

9. 特哈玛　1984 年由中国林业科学院经济林研究室引入。该品种坚果椭圆形，壳面较光滑，平均单果重 11 克，缝合线略凸起，结合紧密，平均壳厚 1.5 毫米，内褶壁退化，横隔膜膜质，可取整仁。出仁率约 50%，仁饱满，幼树生长旺，树姿直立，发芽晚，抗晚霜强。雄先型，中熟品种。在河南省洛阳市的汝阳、洛宁等地生长良好，表现抗病性强，生长快，株冠紧凑，适应性强，可作农田防护林。适宜在华北地区栽培。

（四）砧木品种

1. 中宁山　中国林业科学院林业研究所从美国东部黑核桃优良家系实生后代中选育。该品种生长势强，树姿半开张，分枝力强，速生、主干通直。树皮皴裂，裂纹深，粗糙，主干树皮灰褐色。1 年生枝褐绿色，着灰色茸毛，分泌黏液，皮孔小，不凸起。芽阔三角形，有芽座，与 2 个副芽叠生。奇数羽状复叶，小叶 7～11 枚，对生，披针形，叶缘锯齿，羽状网脉，无叶柄或叶柄极短，叶背着短茸毛。中、短枝结果，单果或双果，偶有 3 果。坚果小，平均单果重 3.6 克，圆形，呈浅咖啡色，基部和顶部多数光滑，外壳骨质多隔壁、厚而硬，有纵裂纹，难开裂，缝合线光滑，结合紧密。壳厚 2.5～3.5 毫米，不易取仁。雄先型。8 月下旬果实成熟。该品种与核桃嫁接亲和力强，生长健壮，结果早，可改善坚果品质，抗根腐病、腐烂病，耐旱，是优良的核桃砧木，也可作用材林、园林树种。适宜在华北、西北地区栽培。

2. 中宁珂　中国林业科学院林业研究所从美国东部黑核桃优良家系实生后代中选育。该品种生长势强旺，树姿直立，分枝力强，速生、主干通直。树皮皴裂，裂纹深，粗糙，主干树皮灰褐色。1 年生枝褐绿色，着灰色茸毛，分泌黏液，皮孔小，不凸起。芽阔三角形，有芽座，与 2 个副芽叠生。奇数羽状复叶，小叶 7～9 枚，披针形，叶缘锯齿状，羽状网脉，无叶柄或叶柄极短，叶背无毛。中、短枝结果，单果或双果，偶有 3 果。平均单果重 4.4 克，圆形，呈浅咖啡色，外壳骨质多隔壁、厚而硬，有纵裂纹，难开裂，缝合线光滑，结合紧密。壳厚 2.5～3.5 毫米，不易取仁。雄先型。8 月下旬至 9 月初果实成熟。该品种与核桃嫁接亲和力好，抗根腐病、腐烂病，并改善坚果品质，是优良的核桃砧木。也可作材林、园林绿化、行道树种。适宜华北、西北地区栽培。

3. 中宁强　中国林业科学院林业研究所用美国魁核桃与核桃杂交育成。该品种生长势强旺，树姿半开张，速生、主干通直。枝干树皮浅灰褐色，浅纵裂。1 年生枝灰褐色，皮孔菱形，淡黄色，不规则分布。叶芽长圆锥形，半离生。奇数羽状复叶，小叶 15～19 枚，互生，披针形，叶缘全缘，先端渐尖，羽状叶脉，叶色浅绿色。中、短枝结果，单果或双果。坚果圆形，外壳骨质多隔壁、厚而硬，表面刻沟或皱纹，难开裂，缝合线突出，结合紧密。壳厚，不易取仁。8 月下旬果实成熟。该品种与核桃嫁接亲和力强，可减轻核桃果仁的涩味，改善坚果口感品质。抗根腐病、腐烂病，耐旱。是优良的核桃砧木，也可作优质用材树种。可在河南、河北、陕西、山西等地区栽培。

4. 中宁异　中国林业科学院林业研究所用核桃与美国北加州黑核桃杂交育成。该品种大树树干通直，树皮灰色、粗糙，树冠半圆形；分枝力中等，分枝角度呈 45°左右。1 年生枝暗红色，皮孔黄色，不规则分布；叶芽圆形，冬芽大，顶圆，主、副芽离生，距离较近。奇数羽状复叶，小叶轮生，小叶 9～15 片，叶片阔披针形，先端微尖，基部圆形，叶缘锯齿状，叶柄较短，叶脉羽状，叶片绿色，光泽感不强，似有柔毛感。雄花芽较多，雄花退化，无花粉，不结实或极少结实。

该品种在河南省洛宁地区，于 3 月底至 4 月初萌芽，4 月上旬展叶，5 月上旬雌花开放，11 月上旬初落叶。2 年生扦插苗高达 3.3 米、地径 4 厘米，且耐干旱、瘠薄。该品种与核桃嫁接亲和力强，可改善坚果品质，抗根腐病、腐烂病，耐旱，是优良的核桃砧木，也可作优质用材树种。适宜在河南、山东、山西、陕西等地区栽培。

5. 中宁盛　中国林业科学院林业研究所用北加州黑核与核桃种间杂交育成。该品种树势强健，树姿较紧凑。干性通直，成年树主干灰白色而浅纵裂；1年生枝黄褐色，皮孔长椭圆形，黄白色，不规则分布；奇数羽状复叶，小叶15～19片，披针形，先端渐尖，全缘，叶色浅绿色，羽状脉；腋芽三角形，顶端急尖，半离生；少结实或不结实；坚果极小，果顶稍尖，果基平，核壳浅褐色，壳面刻沟深，刻窝大小不规则，缝合线稍凸，壳厚，不易开裂，内褶壁发达，横隔膜骨质，取仁极难，核仁饱满，无胚或少胚。该品种在河南省洛宁地区物候期为3月底至4月初萌芽，4月上旬展叶，5月上旬雌花开放，11月中下旬落叶。与核桃嫁接亲和力高，是优良的核桃砧木。该品种树体高大、树姿优美，枝叶繁茂，繁殖系数高，可作优良的园林绿化树种。该品种宜在我国河南、云南和北京等地栽植。

6. 中宁奇　中国林业科学院林业研究所用美国北加州黑核桃与核桃杂交育成。该品种生长势强，树干通直。树皮灰白色纵裂，1年生枝灰褐色，光滑无毛，节间长，皮孔小，乳白色。枝顶芽较大，圆锥状，腋芽贴生，呈圆球形，密被白茸毛，主、副芽离生。奇数羽状复叶，小叶9～15枚，阔披针形，基部心形，叶渐尖，叶柄短，叶背无毛。结实少，坚果圆形，深褐色，果顶钝尖，表面浅刻沟，壳厚而硬，难开裂，内褶壁骨质，不易取仁。在河南省洛宁地区4月上旬发芽，4月中旬展叶，5月上旬雌花开放，8月下旬果实成熟，11月落叶。该品种与核桃嫁接亲和力强，生长健壮，结果早，可改善坚果品质，抗根腐病、腐烂病。大树根深，根系发达，耐盐碱、耐黏重土壤、耐旱，可在排水不良的土壤上生长，是优良的核桃砧木，也可作优质用材树种。可在核桃产区栽培。

7. 中洛红　中国林业科学院林业研究所从美国东部黑核桃自

然杂交实生后代中选育。该品种树干通直,枝干浅灰褐色,浅纵裂;新梢酒红色,被细密短茸毛;叶芽长三角形;奇数羽状复叶,小叶互生,13～17片,叶片阔披针形,叶缘锯齿状,先端渐尖,叶脉羽状脉,幼叶酒红色,老叶黄绿色。少结实或不结实,果实无胚或少胚。坚果卵形,直径平均2～2.5厘米,表面具深刻纹,缝合线较平;壳厚不易开裂,内褶壁发达木质,横隔膜骨质,取仁难。在河南省洛宁地区,于3月底至4月初萌芽,4月上旬展叶,5月上旬雌花开放,11月中下旬落叶。该品种与核桃嫁接亲和性良好,可作核桃砧木。该品种树姿高大,叶片呈鲜艳的酒红色,耐干旱、耐瘠薄,适宜用作园林观赏树种,可在我国河南、云南和北京等地栽植。

三、核桃引种与选种

核桃的种类和优良品种在我国分布比较广泛,把它们从原产地引到新的地区栽种叫引种。核桃种类和优良品种在地理分布上极不均衡,而生产者和消费者既要求品种多元化,又要求引进优良品种,以提高单产和品质,从而获得更大的经济效益。如河南省洛宁县林业部门自20世纪90年代以来,引进国内核桃优良品种和美国核桃品种,使全县果农生产从产量到品质都有显著的提升;河南省栾川县和济源市山地核桃园受晚霜危害严重,近年引进美国避晚霜核桃品种初见成效。为此,这就促使各地核桃科研人员及生产者积极引进外地区不同核桃种类和优良品种。我国是核桃的原产地之一,具有丰富的核桃种类和地方品种资源,据不完全统计,有500多个农家品种。近年来,中国林业科学院和各省(市)农林科研单位培育出了一大批核桃优良品系,已通过国家、省级审定的优良核桃品种400余个。各核桃产区纷纷进行引种扩大种植,极大地促进了我国核桃良种化进程,加快了核桃品种更新换代,推动了核桃产业化发展。

（一）核桃引种技术

1. 引种原则　核桃引种的原则主要有 3 个方面，一是对引进品种经济性状的要求；二是引入品种对当地环境条件适应的可能性；三是对当地有害生物和灾害气象因子的抵御及避免。生产中引种一定要有目的性，引入的品种优良性状要超过当地品种，或弥补当地品种的缺陷。否则，就失去了引种的价值。引种适应判断依据有以下几点：①从当地综合立地条件找出对引进品种适应性影响最大的主导因素，作为预测引种成功的重要依据。例如，新疆核桃品种引入中原地区光照影响成为主导因素，云南核桃品种引入中原地区温度成为主导因素。②充分了解引进类型和品种的原产地及分布界限，预测引入品种的适应范围，分析原产地、分布范围与引种地区的主要农业气候指标，从而预测引种成功的可能性。③考察品种类型的亲缘关系。树种亲缘关系与其长期系统发育条件有密切关系，一定的生态条件形成相适应的生态型。亲缘关系相近，其生态型必然相近，所适应的生态条件也相近。例如，香玲品种生长良好的地区，绿岭和鲁果 7 号品种也可能生长良好。④重视和总结前人在当地引种的经验教训，参考前人有关引种的技术资料，作为分析引种可能性的借鉴。某一品种或类型已有人引进种植失败，再次引种时一定要认真分析失败的原因，引进时一定要慎重，避免重走失败老路。

各地应高度重视核桃引种，尤其是新品种的引种，引种前必须考察和分析原产地的土壤、光照、湿度、降水、温度等自然条件，切忌盲目大规模引种栽培，以免造成重大损失。例如，前些年我国北方地区因核桃苗木短缺，大量引进南方核桃种子播种育苗，结果在遭遇 2009 年的冬季提前降温霜冻时，大量核桃苗木被冻死，而未冻死的苗木栽植后在每年的冬季其地上部位也受冻死亡，第二年春夏重新萌发，越冬再次冻死，周而复始。河南省栾川县三川、叫河、冷水等乡镇，海拔高，生长季节短，近年引进栽植的早实核桃品种核仁发育不饱满，抗晚霜能力差，2016 年 5 月 10 日遇晚霜，新梢和幼果冻枯，造成绝产。20世纪90年代，我国曾大规模引进美国黑核桃，收效也很不理想。

2. 引种方法 科学的引种方法能够避免引种不当造成的损失，引种之前一定要制订严密的引种计划，以达到事半功倍的效果。

（1）引种注意事项 核桃引种多为引进种子、接穗和嫁接苗；引进优良品种，主要引进核桃的接穗和嫁接品种苗。在引种前严格检疫制度，特别是核桃种植新区，本地尚无核桃病虫害，引种时一定要严格检疫和消毒。引入的种子、接穗、嫁接苗要编号登记。登记项目包括核桃种类、品种名称、材料来源、数量、收到日期、经手人、收到后采取的处理措施、引种材料编号、种植地点等。每种材料收到的批次、时间和来源不同，都要分别编号，这是因为核桃品种繁多，同名异物和同物异名现象普遍存在，编号登记有利于进行核对。新引进的核桃种类和品种都要分别建立引种档案，把引入时的有关种类或品种的植物学性状、经济性状、原产地的立地条件特点等均记录入档。

（2）引种方式 少量引种可以通过查询有关资料，或实地调查收集，也可以采用邮寄的方式。大批量引种必须进行实地调查，了解引进品种的生长结果特性，选择高产优质且品种典型性突出的优良植株采集繁殖材料，确保引种的纯正性。生产中应特别注意要从无病虫害且生长健壮的植株上采集接穗，并由专业技术人员或当地有经验的农民鉴定品种的纯正性。如果引进苗木应就地检查苗木质量，并核对品种。邮寄种质材料时要注意包装材料的选择，路途遥远的可用湿锯末作填充物，也可用浸湿的报纸、卫生纸包好，并用杀菌剂杀菌消毒，避免邮寄途中时间过长种质材料发霉，外面再用塑料薄膜包裹，以防失水。2014年西藏林芝地区从河南省洛宁县引进一批核桃品种苗木，起苗后将苗木根系泥土洗净，用40%多菌灵可湿性粉剂600倍液浸泡消毒，用塑料薄膜包装，苗木中间填充消毒后的湿锯末，经过近1个月运输苗木新鲜如初。

（3）引种时期 引种的时期也很重要，引进苗木应在秋末冬初落叶后或春天发芽前，即苗木休眠期进行。引进接穗可在枝条休眠后至发芽前进行，大量引进接穗应在休眠期修剪时进行，可利用修剪下的枝条作接穗。若在生长季节引种枝条要注意降温保湿，距离不能太远，随采集随嫁接，时间不宜超过3天，以保证引种嫁接成活。引进种子可在种子成熟晾干后至播种前进行。

3. 引种试验　引进外地核桃品种之前，虽然进行了适应性分析，但仍不能代替引种试验。除了对引进核桃类型的适应性有充分的把握外，都应进行引种试验，以避免盲目引种造成损失。少量引种，每个品种可栽植3～5株，可与本地主栽品种对照。对于地形复杂、土壤类型繁多的山地，可选择具有代表性的地块，多设重复小区。引进的品种进入结果期，其综合性状超过本地主栽品种，或某一优良性状表现突出，市场竞争力强，可进行生产性扩繁，小规模栽培，进一步做引种研究。经过几年的引种研究，经历了周期性气候变化的考验，通过自然淘汰和人工选择，最后确定适合本地栽培的高产优质核桃品种，即可大规模栽培。对于气候条件相近地区的引种，其品种优良性状超过本地主栽品种的，可不经过生产性试栽，直接大规模栽培。

（二）核桃选种技术

1. 选种目标　根据当地的自然条件、生产水平和市场需求确定选种目标。例如，在高海拔山区，年积温低、湿度大，一些优良品种在该地区种植落果多，果仁发育不充实，病害严重。而当地生长的核桃大树有一部分果实品质好，丰产性强，十分适宜当地的土壤和气候条件，从中选择优株，经过无性繁殖，开展丰产性选择对比试验，可选育出适合当地生产应用的优良品种。同样，各地可从大量种植的实生核桃树中，选择综合性状好的、适合当地土壤和气候条件的优株，经过无性繁殖，选育出丰产、优质、高抗、高油等综合性状优良的品种。

2. 选种时期　原则上核桃生长发育的各个时期均可进行选种，

但是为了提高选种效率和选种面，最适宜的选种时期是果实采收期。通过果实采收了解品种的丰产性和商品性状，选育出生产上需要的优良品种，通常在果实采收前2周至采收时进行现场调查。抗性选择育种在剧烈的自然灾害发生之后进行，包括霜冻、严寒、大风、旱、涝和病虫害，抓住时机有针对性地选择抗灾能力强的优良单株、芽变植株和品种类型。

3. 选种方法和步骤

（1）**初选**　以乡镇林业基层站为单位，组织发动果农对当地核桃树资源进行普查，由果农初选自报，然后逐园考察，一旦发现优良品种或变异类型，即进行编号记载。经过2～3年的连续观测，确定优良单株或变异性状的稳定性，然后入选登记优株，凡是入选的优株都要填写初选表，并采集5千克坚果进行测评。

（2）**复选**　对入选的优良单株，开展高接测定，或无性嫁接繁殖，进行田间栽培测定。在嫁接测定过程中，要统一砧木类型，结合生产，用普通核桃砧木嫁接，以消除砧木不同造成的影响。为了深入鉴定优良性状，取得可靠的鉴定结果，必须把当地栽培的优良品种作对照，与入选优株进行对比试验，要求试验的各项条件尽量一致，减少试验误差。选种圃地要力求均匀整齐，每个参试优株不少于9株，可采取3株小区，3次重复，随机排列，生产品种作对照；并在试验区四周栽植2行以上的保护行，减少边际效益。选种圃要建立档案，按期进行观察记载，连续3～5年从结果到进入丰产初期每年对比鉴评，对果实品质及其他主要经济性状进行全面鉴定。如果扩大栽培范围，还应在其他地区设置多点栽培试验，对不同地区立地条件和自然气候条件开展适应性鉴定。经过几年试验，复选出优良无性系。

（3）**决选**　经过复选的优良无性系，由主管部门组织有关专家进行鉴定，给出品种选育结论，最后决选的品种申请新品种审定并得到通过后，即可在适宜生产的范围内推广应用。

引进优良品种和选育地方优良品种是加快核桃良种化进程的捷径，可节省人力、物力，缩短育种时间，有事半功倍的良好效果。

第三章
核桃苗木培育

　　我国传统的核桃栽培多采用实生繁殖的苗木，由于实生苗木遗传基础比较复杂，后代分离较大，不同单株间表型差异很大，结果期早晚可相差3～4年甚至7～8年，产量相差几倍甚至几十倍，坚果品质差异更大。现代核桃栽培大都采用优良品种嫁接苗建园，明显缩短了结果年限，提高了产量和品质。核桃嫁接繁殖的主要优点：一是能很好地保持母体的优良性状，迅速扩大繁殖优良品种或优系，加速实现核桃良种化。二是能显著提高产量、改善品质。目前，我国实生核桃结果树平均株产只有2千克左右，每667米²平均产量不足50千克。用嫁接苗建园，5年生核桃树每667米²产量可达150千克以上。此外，实生核桃树群体坚果品质混杂，良莠不齐，商品价值低；采用嫁接繁殖，其群体后代坚果品质基本一致，可保证优种优质，满足内销外贸的要求。三是能提早结果。实生繁殖的核桃树一般结实较晚，晚实型实生核桃8～10年开始结果，早实型实生核桃需3～4年才开始结果；而嫁接的晚实型核桃只需3～5年便可结果，早实型核桃一般在第二年即可结果。四是有助于矮化密植栽培。利用矮化砧木可使树体矮化，而矮化栽培则是实现果树集约化经营的重要途径。五是可充分利用核桃种质资源。我国核桃资源丰富，野生砧木种类多、分布广，利用这些野生资源嫁接核桃，可达到生长快、结果早、延迟早实核桃早衰和扩大核桃栽培区域的目的。

一、砧木苗培育

砧木苗是指利用种子繁育而成的实生苗，或选育出具有特殊性状无性繁殖的专用砧木苗。砧木的质量和数量直接影响嫁接成活率及建园后的经济效益。

（一）我国核桃砧木种类及特点

我国嫁接核桃砧木种类主要有核桃、铁核桃、核桃楸、野核桃、麻核桃、吉宝核桃、心形核桃和美国黑核桃 8 种。目前，应用较多的为核桃。此外，南方地区由于降水量大、湿度高，有用核桃属植物枫杨作核桃砧木的。

1. 核桃　以核桃作砧木（也称共砧或本砧），嫁接亲和力强，成活率高，核桃树生长和结果良好，在国外还表现有抗黑线病的能力，目前我国北方地区普遍采用。但生产中应注意种子来源尽可能一致，以免后代个体差异太大，影响嫁接品种的生长发育。

2. 美国黑核桃　生产上用量较少，据笔者在河南省偃师市顾县镇高龙章承包核桃园多年的试验观察，用美国黑核桃中的魁核桃嫁接亲和力强，核桃树生长结果良好。用黑核桃作砧木嫁接核桃主要的优点是根系发达，耐旱、固肥能力高，嫁接后能达到高产优质效果；黑核桃生长量大，可缩短核桃育苗周期，提高核桃嫁接苗质量；采用黑核桃作砧木嫁接核桃良种，既可以克服根腐病、根颈腐病、树干溃疡病、根结线虫等病虫害，又可提高对土壤黏重和盐碱的适应能力。魁核桃作砧木，嫁接早实品种形成较大而健壮的树体，果实产量和单重都有明显增加；嫁接晚实品种提早结果，后期产量高，果实质量好。嫁接核桃后可提高植株的耐寒能力，特别适宜在山西、陕西、河北、宁夏、甘肃北部、内蒙古南部及辽宁、北京、天津、新疆、西藏等地作核桃的优良砧木。

3. 优良砧木品种　中国林业科学院林业研究所选育的核桃砧木

新品种中宁奇、中宁强、中宁盛、中宁魁、中宁异等核桃优良砧木品种，已通过河南省林木品种审定委员会审定。与核桃嫁接亲和力强，嫁接成活率高，结果早、产量高、抗性强。嫁接早实核桃品种生长健壮，抗旱、抗寒，改善坚果品质。在河南省洛宁县东宋镇小宋村试验点，嫁接在中宁魁、中宁强、中宁异等砧木上的辽核1号、辽核2号、香玲等品种，经多年观察，植株生长势强，抗旱、抗寒性提高，未见根腐病、腐烂病、溃疡病等病害发生。而用核桃本砧嫁接的上述品种，不同程度发生溃疡病、腐烂病等。优良砧木嫁接核桃较普通核桃砧木提早结果，坚果核仁颜色变浅，涩味减轻。同时，这些优良砧木生长迅速，树形美观，可作优质速生用材树种和优美的园林观赏树种。

（二）苗圃地建立

培育优良核桃苗，满足生产用苗，需因地制宜建立育苗圃。各地为了保证苗木品种的先进性和纯正性，应建立优良品种接穗圃、育苗基地圃和砧木种子生产圃，以确保培育优质壮苗。

1. 苗圃地选择　苗圃地选择是育苗成败的基础。在中原地区，核桃育苗圃用水地、旱地均可。旱地育苗根系发达、生长充实、栽植成活好，但苗木规格较小。一般苗圃地应选择地势平坦开阔且便于排灌和耕作的地方。低洼闭塞、易于积聚冷空气的风口和谷地，不宜作苗圃地。苗圃地最好选择平地，坡地的坡度应小于5°。土壤是供给苗木生长所需水分、养分和空气的溶质，也是苗木根系生长发育的环境。苗圃地应选择土层深厚、肥沃、土质疏松的沙壤土和轻黏壤土。贫瘠或石砾较多的土壤、干旱的坡地，培育出来的苗木生长量小，根系不发达，质量差，对不良环境的适应能力弱，栽植不易成活，即便成活生长也较弱；黏重土壤易板结，透气性差，影响根系发育。地下水位高，土壤空气不流通，苗木根群不发达，但吸水容易，枝条徒长，越冬易冻死或梢头冻枯，而且遇到降水量高的年份苗木易受涝而死。因此，不宜选择瘠薄或黏重的土壤作苗圃地，地下水位高的河滩地也不宜作苗圃地。苗圃地地下水位不宜超过 1.5 米。同时，连续多年的育苗地和废弃的果园地不宜作苗圃，避免因苗木生长所需元素的缺乏和有害元素的积累，而降低苗木质量和感染病虫害。

2. 苗圃规划　苗圃地确定后应着手进行圃地规划。在规划苗圃地时，应在迎风方向设立防风林；在苗圃地里设立网状的区间林带，林带间距为 100～200 米。在规划防风林的同时，本着因地制宜、提高土地利用率和方便操作的原则，将苗圃地划分成若干个作业小区。小区设计成长方形，长度 100～200 米，宽度可为长度的 1/3～1/2。小区与小区之间设步道，应尽量使道路与排灌系统合理分布，以不浪费土地。为了方便采集接穗并保证接穗新鲜，应规划出优良品种采穗圃，也可以栽植核桃优良品种防风林带代替采穗圃，这样既节约土地又距离嫁接地点近，减少运输成本。同时，苗圃地还应规划出灌溉井、晒水池、作业场、假植地、地窖、仓库、房屋等基础设施。个体育苗户可根据自己的土地面积只规划育苗地和灌溉水渠。

3. 整地做苗床

（1）深耕　土地经过深耕，活土层加厚，土壤物理结构得到改善，能提高蓄水保墒能力和耕层温度，有利于土壤微生物活动，从而为核桃种子发芽和根系的生长发育创造良好的土壤环境。深耕宜早，秋耕比春耕好，早耕有利于熟化土壤。结合深耕，每 667 米^{2}施腐熟有机肥 2～4 吨，耕深以 25～30 厘米为宜。深耕后浇足水，春季播种前再浅耕 1 次（15～20 厘米），然后把平镇实备用。

（2）土壤消毒　其目的是消灭土壤中的病菌和虫源。方法是每平方米苗床用 40% 甲醛 50 毫升，加水 6～12 升，播种前 10～15 天喷洒，然后用塑料薄膜覆盖并压实，播种前 5 天除去薄膜，等甲醛气味散失后播种。

（3）做苗床　核桃育苗可采取床（畦）作和垄作 2 种方式（图 3-1）。新疆等多地采用低床方式，即床面低于步道或地埂 25～30

厘米，床宽 1～1.5 米，床长约 10 米，低床保水、节水效果好。中原地区灌溉条件好的地方多采用高床方式，即床面与步道（地梗）相平或略高，床宽 1 米，床长 15～20 米，高床浇水后床面不易板结。垄作的垄高 20～30 厘米，垄顶宽 30～35 厘米，垄间距约 70 厘米，垄长约 10 米。垄作的特点是便于灌溉，土壤不易板结，光照、通风条件好，管理和起苗较方便。干旱和浇水困难的育苗地，可采用低床方式整地；地下水位高和灌溉方便的育苗地可采用高床或垄作方式。

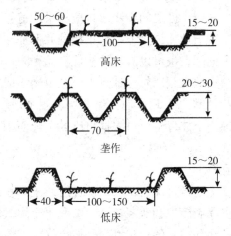

图 3-1　育苗作业方式　（单位：厘米）

（三）采种及种子贮藏

1. 采种　目前，我国多采集实生大核桃树的种子作砧木育苗，由于这些大树的果实大小悬殊较大、核壳厚薄不一、商品价值低，生产中应注意选种。首先选择生长健壮、无病虫害、种仁饱满的壮龄树为采种母树，应力求类型一致。当坚果达形态成熟，即青皮由绿变黄并开裂时采收。此时的种子内部生理活动微弱，含水量少，发育充实，最容易贮存。此类种子充分成熟，具有较高的生命力和发芽率。若采收过早，胚发育不完全，贮藏养分不足，晒干后种仁干瘪，发芽率低，即使发芽出苗，也难成壮苗。采收过晚，果实大量脱落，易遭鼠、兽盗食和被雨水冲失。为确保种子充分成熟，作种子用的核桃坚果一般较商品坚果晚采收1周左右。河南地区大多在9月中下旬采收。采集后可用剥皮机械直接将青皮剥离，捡出坚果晾晒。种子量少也可将果实堆沤脱皮或用乙烯利处理，一般3～5天即可脱去青皮。堆沤时注意不可堆积过厚，避免发热烧坏种子。脱青皮后的核桃种子及时薄层摊在通风干燥处晾晒，避免在水泥地面、石板或铁板上直接暴晒。

2. 种子贮藏 充分成熟的核桃种子无休眠期，秋播的种子在常温条件下贮藏一段时间后，秋末趁墒播种，也可将采收后带青皮的种子直接播种。多数地区以春播为主，春播的种子贮藏时间比较长，种子必须充分晾干，避免含水量过高、通风不良使种子发霉变质。核桃种子的贮藏方法主要有室内干藏和冷库贮藏。种子量少，可在室内干藏，方法是将晾晒的干燥种子装入麻袋或编织袋内，放在低温、干燥、通风良好的室内或仓库内。种子量大，必须放在冷库中贮藏，冷库温度保持在4℃左右，空气相对湿度保持在50%以下，按种类和品种分开，将种子分别装入编织袋内，系好标签，以防混杂。无论常温贮藏还是冷藏都要注意防止鼠害和通风干燥，保证种子的生活力。种子贮藏期间要经常检查，防止受潮、发热、霉变等受损。

此外，也可将核桃种子沙藏层积。其方法是选择背风向阳、地势高燥、排水良好的地方，挖深1米左右、宽1.5米左右、长度视种子量而定的坑，在坑底和坑四周壁上铺一层防鼠铁丝网，将种子在清水中浸泡透，以种仁饱胀为标准（初冬水温较高需3～5天，深冬水温较低需5～7天），注意浸泡时勤换水。层积前将底层铺10厘米厚的湿沙，湿沙以手握成团而又不滴水为度，然后以湿沙与种子5∶1的比例充分混合后填入坑内，至距地面20厘米为止，上面再覆10厘米厚湿沙，并盖上防鼠铁丝网，最上面覆盖秸秆即可。

冬季下雪后应及时清除积雪，防止雪水流入层积坑造成种子霉烂。春节过后，气温上升，要经常打开层积坑翻动种子，保证坑内温度均匀，种子发芽整齐。待部分种子发芽后捡出发芽的种子播种。此法费工费时，主要在种子量少，或种子珍贵时采用，多用于科研育苗。

（四）种子处理

秋季播种不需进行种子处理，可直接播种。春季播种，干种子经过处理，才能保证发芽、出苗整齐。种子处理方法有以下几种。

1. 冷水浸种法　将核桃干种子装入编织袋内，袋内放 2 块砖头或石块，以防止浸种时漂浮。把种子袋放入河水或池塘中，并用绳子拴牢以免漂走。第五天开始，每天检查浸泡情况，经过 6～7 天种子即可泡透。没有河水或池塘的地方，可以用塑料桶、缸等容器，或在地面挖一个坑，垫上塑料布或彩条布，将核桃种子放入，倒进清水浸泡 6～7 天，期间每天换 1 次水，检查种仁泡胀即可捞出播种。浸泡时注意用木板或箅子将种子压入水中，以利于种子充分吸水。这种处理方法简便、安全，多用于种子量大、提早播种、大规模育苗的情况。

2. 温水浸种法　种子量少时，可用 2 份沸水、1 份凉水兑成温水浸泡种子。方法是把干种子放入温水中搅拌至常温，浸泡 4～5 天，之后每天换 1 次清水，检查种仁泡胀即可捞出播种。常与温水催芽相结合，种子处理操作简便、发芽快、播种后出苗整齐。

3. 沸水烫种法　用一口较大的锅，盛八成的水烧沸，再用一口缸盛冷水，把干核桃种子放入竹篮内，在沸水中浸泡 30 秒钟后，立即倒入冷水缸中浸泡 3 天，检查种仁吸水发胀即可捞出播种。此种处理方法多用于种子量小，播种时期晚的应急措施。

4. 温水催芽法　种子经温水浸泡吸水膨胀后捞出，放入篮子或竹筐中，用湿布盖上，每天早、晚用 45℃温水冲洗种子 2 次，或在35℃～40℃温水中淘 2 遍，种壳开裂露出根尖后按种植密度播种。

多用于种子量少、比较稀少的品种育苗，可节约播种量。

（五）播种技术

1. 播种期 核桃播种期分为秋播和春播。

（1）**秋播** 秋播又分为带绿皮播种和种子播种。带绿皮播种是将充分成熟的核桃果实从树上采收后，立即带青皮播种于苗圃地内，播种时间一般在9月中下旬；种子播种时间一般在10月下旬以后，趁秋墒把浸泡过的种子播种到苗圃地。带绿皮播种，因播种较早、气温较高，种子在土壤中部分发芽出土，经过冬季地上部分冻枯，翌年春季还可从土层幼苗腋芽萌发成苗。晚播的种子，因地温低不萌发出土。核桃秋季播种避免了种子贮藏和处理，可节省大量人工，而且翌年春季出苗早，出苗整齐，苗木生长健壮，适于大面积育苗操作。但是，秋播种子在土壤中停留时间长，易受牲畜鸟兽盗食，增加育苗风险。因此，在鸟兽危害较重的山区不宜秋播。

（2）**春播** 春播是在3月中下旬至4月初土壤解冻之后进行。春播的缺点是播种期短，田间作业紧迫。若延误了播种期，则因气候干燥，蒸发量大，不易保持土壤湿度，而且生长期缩短，会降低苗木质量。

2. 播种方法 核桃播种方法有宽窄行和等距离行2种。宽窄行一般要求宽行距40～60厘米，窄行距20～30厘米；等距离行一般要求行距40～50厘米。宽窄行播种单位面积育苗数量多，便于苗木田间管理。宽行距离以能够容下嫁接人员嫁接操作为宜；窄行距离视土壤肥力和管理条件而定，土壤肥力高和管理条件好距离可小些；否则，可大些。等距离行播种的行距也可视土壤肥力和管理条件而定。山地栽植的核桃实生苗，为提高栽植成活率，可采用营养钵育苗。核桃苗生长量大、苗木粗壮，营养钵应相对较大，一般要求直径在15厘米左右。营养土的配方多为1/3土杂肥＋2/3新黄土，土杂肥要充分沤制和腐熟。播种前如果墒情差需浇水，尤其是春季播种，温度上升快、风大、水分蒸发快，易造成土壤缺水，墒情差时一定要浇水后播种，保证出苗整齐。春季育苗遇到大风、干旱和低温的年份，播种后要覆盖地膜，保温保湿，利于种子出土。

播种时摆放种子以种子缝合线与地面垂直为好，这样胚根萌发向地下生长，胚芽萌发向地上生长，苗木出土整齐健壮（图3-2）。一般播种深度为12厘米左右，秋季可适当深播，春季可适当浅播，播种后保持土壤湿润。

3. 播种量　一般每千克核桃种子多于70粒，中等核桃每千克有种子100粒左右，小核桃每千克有120～140粒。每667米^{2}播种量为90～100千克，小粒种子每667米^{2}播种量为70～80千克。播种前一定要检查种子的质量，可用随机抽样的方法，抽取种子量的10%，检查其饱满度、生活力，并除去霉变粒、干瘪粒、虫果等，然后精确计算播种量，保证可用基本苗数量。

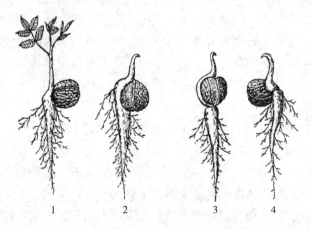

图3-2　种子放置方式与出苗的关系

1.缝合线与地面垂直　2.种尖向上　3.种尖向下
4.缝合线与地面平行

（六）砧木苗期管理

加强核桃播种苗期管理是实现当年嫁接和缩短育苗周期的重要

环节。春季播种 20 天以后即可出苗，40 天左右出齐苗，覆盖地膜的可提早 1 周左右出苗。

1. 间苗和补苗 幼苗出齐后长至 2～3 片真叶时开始间苗，每穴留 1 株苗，多余的苗剔除。结合间苗在缺苗断垄处补苗，可从苗木密度大的地方带土起苗，移栽后及时浇水。旱地移栽补苗要选择在阴雨天进行，也可在晴天的下午 4 时后进行，用壶水点浇。缺苗量大时应采用温水催芽后重新点播，以保证苗圃地苗木整齐。结合间苗、补苗，对苗圃地进行松土除草，以促进幼苗前期生长。

2. 苗木断根 核桃为深根性树种，主根发达，为促进侧根生长，提高苗木生长速度和移栽成活率，同时节省起苗时的工作量，幼苗时期应切断主根。方法是在幼苗生长至 30～40 厘米高时，在距离苗木基部 20 厘米处，用断根铲呈 45°角从地面斜切，将幼苗主根切断，断根后及时浇水，以保证幼苗正常生长。催芽播种的幼苗不需断根处理。核桃苗断根可明显增加侧根数量，促进侧根生长量，有效控制苗木徒长，促使苗木健壮生长，增加苗木抗逆能力（图 3-3）。

3. 肥水管理 一般在核桃苗木出齐前不需浇水，但北方一些地区，春季有干热风，土壤保墒能力较差，影响出苗，需及时浇水，并视具体情况进行浅松土。苗出齐后，为了加快生长，应及时施肥浇水，一般苗期追肥 2～3 次。第一次追肥在苗高 15 厘米左右进行，每 667 米^2 施碳酸氢铵 10～15 千克，或尿素 5～10 千克。第二次追肥在 6～7 月份苗木速生期，每 667 米^2 施碳酸氢铵 20～25 千克，或尿素 10～15 千克。如果 6 月底苗木仍未达到嫁接粗度，可再追施肥 1 次。结合追肥要及时浇水，并进行中耕除草。旱地和浇水不方便的育苗地，要抓住雨前或雨后的有利时机追肥。结合土壤追肥，幼苗生长期间还应进行根外追肥，可叶面喷施 0.3% 尿素溶液或 0.3% 磷酸二氢钾溶液，每隔 7～10 天 1 次。夏季，雨水多的地区要注意排水，以防苗木晚秋徒长或烂根死亡。入冬时要浇 1 次封冻水，防止幼苗冬季枯梢。

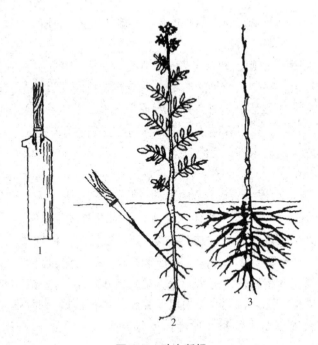

图 3-3　砧木断根

1.断根铲　2.断根　3.断根苗根系

4. 中耕除草　中耕可以疏松表土，减少蒸发，防止地表板结，促进气体交换，提高土壤中有效养分的利用率，给土壤微生物活动创造有利的条件。幼苗前期，中耕深度为 2～4 厘米为宜，后期可逐步加深到 8～10 厘米，苗期应中耕 2～4 次。苗圃杂草生长快，繁殖力强，与幼苗争夺水分和养分，有些杂草还是病虫害的媒介和寄生场所，因此苗圃地必须及时除草。中耕除草可与追肥浇水结合进行，在杂草旺长季节进行专项中耕除草的同时，每次追肥浇水后均要及时中耕除草。

5. 病虫害防治　核桃苗期病害主要有黑斑病、炭疽病、白粉病、苗木菌核性根腐病、苗木根腐病等。除在播种前进行土壤消毒处理外，还应采取相应的防治方法。苗木菌核性根腐病和苗木根腐病，可用 10% 硫酸铜溶液或 70% 甲基硫菌灵可湿性粉剂 1 000 倍液浇灌根部，每 667 米^{2}用药液 250～300 千克，然后再用消石灰撒于苗茎基部及根际土壤，对抑制病害蔓延效果良好。黑斑病、炭疽病、白粉病，可在发病前每隔 10～15 天喷 1 次等量式波尔多液 200 倍液，连续喷 2～3 次；发病初期喷 70% 甲基硫菌灵可湿性粉剂 800 倍液，防治效果良好。幼苗出土后，如遇高温暴晒，幼苗嫩茎先端易焦枯，生产中要及时浇水降温，防止发生日灼病。

核桃苗木虫害主要有象鼻虫、刺蛾、金龟子、浮尘子等，可选用 90% 晶体敌百虫 1 000 倍液，或 2.5% 溴氰菊酯乳油 5 000 倍液，或 80% 敌敌畏乳油 1 000 倍液，或 50% 杀螟硫磷乳油 2 000 倍液喷雾防治。

二、嫁接苗的培育

果树嫁接是无性繁殖的一种方法，是把母体树的枝或芽，接在另一植株的适当部位，使其产生愈伤组织，形成一个新的植株。接上去的部分叫接穗，被接的部分叫砧木。用嫁接方法繁殖苗木，可以保持原有品种的优良特性。因此，培育嫁接苗一定要选择优良品种的枝或芽作接穗。

接穗与砧木嫁接成活的程度叫嫁接亲和力。一般砧木与接穗亲缘关系近，其生理特性、组织结构和新陈代谢方面具有更多的相似性，嫁接亲和力就强，嫁接后容易成活。同种内的接穗和砧木嫁接亲和力最强。同属异种间的嫁接亲和力因果树种类不同而异。例如，核桃嫁接在美国黑核桃的魁核桃上表现有良好的亲和性，核桃嫁接在核桃楸上其亲和性差；同科异属的接穗和砧木嫁接亲和力一般比较小，极个别的亲和力较强。

砧木对接穗有矮化、乔化、耐寒、抗旱、抗病虫害等影响，接穗对砧木也有不同的影响，因此选择合适的砧木与接穗组合，是嫁接成活和嫁接植株生长结果的关键技术。核桃树伤流较重，树皮含单宁较高，枝条髓心和芽眼均较大，嫁接成活率低，生产中一定要掌握好适宜的嫁接时间和严格操作规程，确保嫁接成活。

（一）接穗选择

选择优良母树上的枝条作接穗，是繁殖优良核桃苗木的前提。选择接穗应遵从以下原则：一是应选择当地栽培的优良品种。对外地优良品种尚不了解是否适于本地土壤、气候条件时，不宜大批量引进，以免造成损失。二是母树要求品种纯正、生长健壮并保持应有的品种特性。这是因为核桃树经过长期无性繁殖，往往出现变异类型，失去原有品种的特性。也可建立专门的采穗圃，采穗圃内的核桃树应是优良品种或品系的嫁接树或高接树。三是从优良母树上发育充实的 1 年生营养枝上选取接穗，最好是选取其中部的饱满芽作接穗。不可从结果枝、徒长枝上选取接穗。合格的穗条标准是：枝接所用穗条为长 1 米左右、粗 1～1.5 厘米的营养枝，穗条应生长健壮，发育充实，髓心较小。芽接所用有穗条应是木质化较好的当年发育枝，幼嫩新梢不宜作穗条，所采接芽应成熟饱满。四是选择无检疫对象或无传染病虫害植株作母树。

（二）接穗采集与贮运

1. 接穗采集

（1）采集时期　嫁接时期不同，采集接穗的时间也不同。枝接接穗从核桃树落叶后直至芽萌动前（整个休眠期）均可采集。采穗的具体时间应根据实际情况而定，气候寒冷的地区，核桃枝条易受冻害，抽条现象严重（特别是幼树），宜在秋末冬初采集。此期采集的接穗只要贮藏条件好，防止枝条失水或受冻，就可保证嫁接成活率；核桃枝条可安全越冬，未有冻害抽条的地区，可在春季芽萌动之前采穗。嫁接量大的宜在秋末或冬初采集接穗，也可结合冬季修剪采集接穗。嫁接量小的可于春季萌芽前 15 天采集，经短暂贮藏即可嫁接；夏季芽接可随采随用，一般不贮藏，避免因贮藏降低嫁接成活率。芽接接穗贮藏时间不能超过 5 天。无论是母树休眠期采集接穗，还是生长季节采集接穗，均要采集枝条通圆光滑的，特别是芽基处要求尽量平滑，此种接穗嫁接成活率高，芽基处凸起明显的，嫁接成活率低。

（2）**建采穗圃** 长期育苗地需要大量接穗，从外地调进接穗不仅成本高，品种不一定适宜，而且长途运输和长时间贮存接穗质量降低，尤其在夏季会使嫁接失败。因此，培育接穗母树或采穗圃，建立当地的采穗基地，实现接穗自给非常必要。其方法：①利用现有核桃大树资源培育采穗母树。可选择适宜品种、丰产优质、生长健壮的单株，加强栽培管理，进行重剪或回缩更新，促生大量健壮新枝，培育优良接穗。②大树改接培育采穗母树。在当地选择生长健壮的中幼龄核桃树，用引进的核桃优良品种接穗进行多头高接，培育当地用接穗。③利用优良品种苗。在肥水条件好的地块高密度栽植采穗圃（2 米×1 米），加强管理，采取重剪的方法培育接穗。也可在现有苗圃地留苗作采穗圃。

（3）**采集方法** 在休眠期采穗宜用手剪或高枝剪，忌用镰刀削。采集时剪口要平，注意剪口不要呈斜茬。采后根据穗条长短和粗细进行分级（弯曲的弓形穗条要单捆单放），每捆 30～50 根。打捆时穗条基部要对齐，先在基部捆一道，再在上部捆一道，然后剪去顶部过长、弯曲或不成熟的顶梢，用蜡封住剪口，以防失水。最后用标签标明品种。夏季芽接用的接穗，从树上剪下后要立即去掉复叶，留 2 厘米左右长的叶柄，每 20～30 根打成一捆，标明品种。打捆时不要损伤叶柄幼嫩的表皮，打捆后立即用湿布包裹，或放入盛有清水的容器中，清水浸接穗根部 2～3 厘米。

2. 接穗贮藏与运输

（1）**枝接接穗** 枝接接穗采集后，可贮藏于地窖、窑洞、冷库，或在背阴处挖坑贮存。接穗按 50 根 1 捆，挂上标签，剪口封蜡。地窖、窑洞和贮存坑，可采取一层湿沙一层接穗层积贮藏，湿沙需紧密填充接穗缝隙，层积厚度不宜超过 1.5 米，上面覆盖 20 厘米厚的湿沙。贮藏温度不能超过5℃，沙的湿度不能过大，也不能过小。沙的湿度小，接穗贮藏过程中易失水干枯，降低成活率；沙湿度过大，接穗贮藏过程中易霉烂。贮存坑可选在背阴高燥的地方，坑宽1.5～2米，深0.8～1.2米，长度按接穗的多少而定。接穗用量大或远途运输，需将接穗贮藏到冷库中，存放前将接穗封蜡，每30～50根1捆，10～20捆打1包，接穗捆与捆之间用湿苔藓填充包裹，或用湿蛭石填充，冷库温度控制在0℃～5℃。接穗运输前先打包，外包装用塑料布，车身底部铺塑料布，把打包好的接穗按品种分装，上盖帆布篷保温保湿。如果接穗从北方往南方运送，需提前几天；从南方往北方运送可推迟几天。接穗装车后尽快运送到嫁接目的地，以减少接穗损失，提高嫁接成活率。

（2）**芽接接穗** 由于生长季节气温高，芽接接穗采下后，应用湿布包裹，外包塑料薄膜，放入冷藏车内运送到嫁接地点，时间不要超过2天。没有冷藏车运输条件的，可将接穗用湿布包裹，里面填充苔藓或湿锯末等，外包塑料薄膜，运到嫁接地后及时打开薄膜，置于潮湿阴凉处，或埋入洁净的湿河沙中。接穗量少时，采集后将接穗底部放入盛有清水的容器中运输，可保持接穗生活力，保证嫁接成活率。

近年来，为了保持接穗新鲜，尽量减少接穗水分蒸发，提高嫁接成活率，多采用嫁接前封蜡处理。即把接穗按嫁接需要的长度剪成小段（一般每段2～3个芽），将剪口在熔化的石蜡液中迅速蘸上薄薄一层石蜡，冷却后放在阴凉处备用，效果很好。蜡封动作要快，接穗不可在蜡液中停留。蘸蜡前接穗先用清水冲洗1遍，除去尘土，摊开晾干再蘸蜡。否则，接穗上有尘土，会影响蜡膜的附着力。石蜡液的温度以90℃～95℃为宜，温度太高，容易烫伤芽；温度太低，挂蜡太厚，蜡层容易脱落。

（三）嫁接技术

核桃树嫁接方法根据嫁接时期不同，可分为生长期嫁接和休眠期嫁接；根据嫁接部位不同，可分为高接、平接和低接；根据嫁接材料和方法不同，可分为枝接和芽接。

1. 大方块芽接　大方块芽接是目前核桃嫁接繁殖应用最多、嫁接成活最高、嫁接速度最快、嫁接成本最低的方法。具体操作：先用锋利的嫁接钢刀在当年生绿枝接条上取芽，方法是先在接芽上方2厘米处横切一刀，再在接芽下方2厘米处横切一刀，然后在接芽一侧纵切一刀达上下两横切口处。用手将接芽剥离呈一长方形块，手指捏住接芽叶柄，在砧木高20～30厘米处选一光滑处，按照接芽长度和宽度切一长方形块并剥离，在右下角向下切1个火柴棍宽的放水道，将树皮撕开，把接芽与砧木切口对齐，用塑料地膜单层将接芽连同切口完全包严，7～10天接芽成活后将塑料地膜顶破长出（图3-4）。大方块芽接在5月底至8月中旬嫁接成活率高，5月底至6月底嫁接的当年可萌发，应及时抹掉其他部位的萌芽，土壤肥沃管理条件好的地块，嫁接苗可长到1米左右。进入7月以后嫁接，一般不让萌发，以免幼芽生长量小，枝芽发育不充实，越冬受冻害。当年萌发的嫁接苗，嫁接时将砧木梢头剪除，嫁接部位以上留2个复叶，并剪留复叶的1/2，接芽以下留2～3个复叶。待接芽萌发后长到10～20厘米时，将接芽上面保留枝及连同复叶一并剪

图3-4　大方块芽接

1. 切取芽片　2. 取下的芽片　3. 砧木上切取方块嫁接口　4. 贴芽　5. 绑缚

除。进入 7 月份以后嫁接的核桃树，不剪除枝梢，接芽休眠不萌发，待翌年春季剪砧后接芽萌发成苗。

大方块芽接成活率与接穗的新鲜程度、接芽部位、接穗状况、砧木状况和嫁接时的气温等有很大的关系。接穗当天采集的接穗嫁接成活率达 95% 以上，第二天降至 80%～90%，第三天仅为 70% 左右，第四天以后成活率不足 50%。据试验，接穗采集后立即藏于湿河沙中，可保存 7 天以上，但嫁接成活率不足 80%。夏季芽接最好是接穗随采随用，这样既可保证嫁接成活，又节省接穗。接穗的接芽部位不同，嫁接成活率也不同，接穗基部 1～2 个芽饱满度差，内含休眠物质较高，嫁接成活率低；基部第三个及以上的芽充实饱满，嫁接成活率高，萌发快，生长势强。进入 7 月份嫁接，春梢生长基本结束，夏秋梢快速生长，这时夏秋梢上的芽生命力旺盛，嫁接成活率高，采集夏秋梢作接穗。嫁接成活率与气温高低密切相关，接芽愈合最适宜温度为 25℃ 左右，气温高于 32℃ 不易成活。例如，2011 年 6 月上旬河南省洛阳地区最高气温达 36℃ 以上，此期嫁接的核桃树成活率不足 10%。嫁接成活率与接穗生长状况也有很大的关系，接穗生长健壮，芽体充实饱满，接芽着生部位平滑，剥离容易，嫁接成活率高；接穗的接芽着生部位隆起，剥离的接芽呈凸起状态，嫁接时很难与砧木紧密相贴，产生空隙，难以成活。多数品种生长的种条大约 1/4 的枝条不符合接穗要求，不能作接穗。砧木生长状况也影响嫁接成活率，砧木生长弱，嫁接时土壤缺水，砧木苗不离皮，嫁接成活率低，嫁接前 3～5 天浇透水。砧木生长旺盛，无病虫害，嫁接部位平滑，嫁接的成活率高，否则，不易成活。嫁接时遇阴雨连绵，接芽容易霉烂，嫁接后突遇大雨，雨过天晴，只要接芽包扎严密，对成活率影响不大。

2. 嵌芽接　嵌芽接应用很少，嫁接时接芽利用率高，嫁接速度快，嫁接成本较低。具体操作：对嫁接的砧木或枝条由下而上地斜切一刀，深入木质部，再在切口处由下而上地连同木质部往上切到刀口处，取砧木切片，切片长度要大于 4.5 厘米，宽度视砧木粗细而定。接穗切削与砧木相同，先在芽上部向下斜切一刀，再在芽下部由下而上连同木质部削到刀口处，两刀相遇取下芽片，芽片大小与砧木削片尽量吻合。将接穗的芽片嵌入砧木切口中，上边要插紧，使双方接口上下左右的形成层对齐。用塑料条自上而下捆绑紧，接芽露出，便于萌发（图3-5）。嵌芽接多在3月份至4月初枝条芽即将萌动时嫁接成活率高。嫁接包扎接芽时下部不可过严密，便于伤流出水，提高成活率。嫁接后在距接芽8～10厘米处剪砧，及时抹去砧木萌芽，促使接芽萌发和生长。当接芽长至40～50厘米长时，距接口上3～5厘米再次剪砧。此时绑缚立杆，防止接芽风折，及时解除接芽塑料绑条，避免过紧勒断萌条。

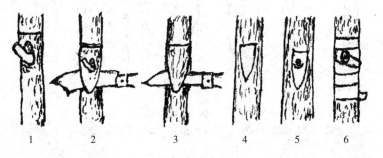

图3-5 嵌芽接

1.接穗 2.取接芽 3.削砧木 4.砧木切口 5.贴芽 6.绑缚

3. 插皮舌接 核桃插皮舌接主要应用于大树高接换优，嫁接速度快，成活率高。具体操作：先剪断或锯断砧干枝干并削平锯口。接穗削成长6～8厘米的大削面（注意刀口一开始就要向下切凹，并超过髓心，然后斜削，保证整个斜面较薄）。在砧木光滑处，由上至下削去老皮，其长5～7厘米、宽1厘米左右，露出皮层。削1个楔形竹签，在砧木皮层与木质部之间用竹签自上向下垂直插入，使皮层与木质部剥离。也可以用手指捏开削面背后皮层，使之与木质部分离。拔出竹签，将接穗的木质部插入砧木削面的木质部与皮层之间，使接穗的皮层盖在砧木皮层的削面上，最后用塑料条绑紧接口（图3-6）。此法可在砧木离皮时期时进行。生产中注意嫁接前不要浇水，砧木应在嫁接前3～5天锯断放水，以避免伤流液过多影响嫁接成活率。

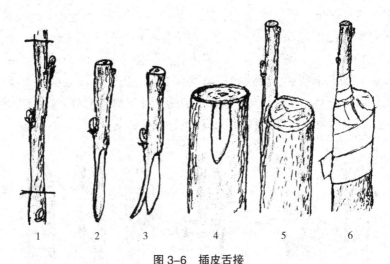

图3-6　插皮舌接

1.剪接穗　2.接穗切削面　3.接穗侧面　4.砧木削面　5.插接穗　6.绑缚

4. 插皮接　插皮接是将接穗插入砧木树皮和木质部之间的形成层处，与插皮舌接相似。具体操作：先剪断或锯断砧木枝干并削平锯口，接穗削成6～8厘米长的大削面。削1个楔形竹签，在砧木皮层与木质部之间用竹签自上而下垂直插入，使皮层与木质部剥离。拔出竹签，将接穗的削面插入砧木的木质部与皮层之间，再用塑料条绑扎接口（图3-7）。此法在砧木离皮时期进行，保持接穗嫁接时接芽不可萌发。嫁接前不可浇水，避免砧木伤流过多影响嫁接成活率。

5. 腹接　腹接应在春季核桃砧木萌发初期进行，嫁接期1周左右。具体操作：先用蜡封接穗，在接穗有顶芽一侧下端先削一长斜面，在斜长面的对面削一稍短的斜面，并使斜面两侧的棱一

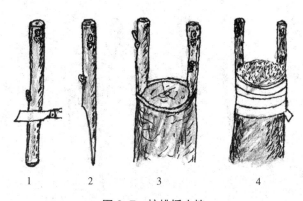

图3-7　核桃插皮接
1.接穗侧面　2.接穗　3.插接穗　4.绑缚

侧稍薄，一侧稍厚，接穗上留2个芽。在砧木上选光滑部位用刀斜切30°角的斜切口，刀刃切入的一边应较长，刀刃退出的一边应较短，切口长5厘米左右，深度为砧木直径的1/3～2/5。切口过深，夹力小易劈裂；切口太浅，切口短与砧穗接触面小。嫁接时用手轻轻推开砧木，使切口张开，然后将接穗插入。插入时接穗的长斜面向里，紧贴砧木木质部，并使接穗长斜面和砧木切口长的一侧皮层（形成层）对齐吻合。接好后，在接口部位之上3厘米处剪断砧木，用塑料条严密绑缚接口（图3-8）。单芽腹接接穗只留1个芽，方法与双芽腹接相同，接穗不用封蜡，可将接芽用地膜包严，成活后接芽萌发，直接将地膜顶破成枝。单芽腹接可节约接穗，省去接穗封蜡环节，提高嫁接功效，尤其是大树高接换头比较实用。腹接也可以利用冬季修剪下的枝条作接穗，嫁接速度快，效率高，成活率达90%以上，苗木生长量大，而且不用剪砧、抹芽。

　　6. 室内枝接　核桃室内枝接是利用出圃的实生苗作砧木，在室内进行嫁接的方法。此方法能有效地避免伤流液对嫁接成活的不良影响，并可人为地创造宜于砧穗愈合的条件，具有适宜嫁接期长、可实行机械化操作、成活率高且稳定等优点。该法在核桃整个休眠期均可进行，但以3～4月份为最适期。室内嫁接因所用砧木不同，

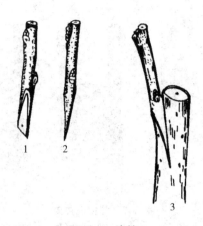

图3-8　腹接

1.接穗正面　2.接穗侧面　3.插入接穗后

可分为苗砧嫁接和子苗砧嫁接2种。

①苗砧嫁接　苗砧嫁接多采用双舌接法，嫁接成活率高。但工序较复杂，育苗成本高，技术环节较难掌握，而且需一定的设施条件。砧木用1～2年生实生苗（1年生苗为好），其根颈部直径1～2厘米，秋季出圃进行假植，嫁接时随用随取。一般在3月份以前嫁接，嫁接前10～15天，先将砧木和冷藏的接穗在26℃～28℃条件下经3～5天进行"催醒"。嫁接前将砧木根系稍加修剪，去掉劈裂和过长的根，于根颈以上8厘米处剪断砧干。选择与砧木苗粗细相当的接穗剪成12～14厘米长的小段（1～2个芽）。将砧、穗各削成5～6厘米长马耳形的光滑斜面，在斜面上端1/3处，垂直向下切一刀，深2～3厘米。然后在接穗上部留2个芽，在下端削一个和砧木对齐的斜面，由上往下移动，使砧木的舌状部分插入接穗中，同时接穗的舌状部分插入砧木中，由1/3处移到1/2处，使双方小面互相贴合，而双方的小舌互相插入，加大了接触面，并用塑料条或细麻绳绑紧接口（图3-9）。然后将接穗顶部进行蜡封（也可以在嫁接前接穗蜡封）。最后将接好的苗木按排（呈35°～45°角）斜放在温床中进行愈合。苗床底层先放5～10厘米厚的湿锯末，每

排苗之间也用湿锯末隔开，摆放后上面再放 1 厘米的湿锯末。锯末要新鲜干净，其相对含水量为 50％ 左右，并用 50％ 甲基硫菌灵可湿性粉剂或 75％ 百菌清可湿性粉剂 800～1000 倍液喷洒消毒。苗床温度保持在 25℃～30℃，经 10～15 天后，嫁接口愈合，将苗木置于 0℃～2℃ 条件下保存，待春季 4～5 月份栽植。为提高栽植成活率，栽植前苗木根系应蘸泥浆，接口与地面相平，每株堆土 7～10 厘米高，以利保湿。发芽后苗可自行出土，但土壤黏重时新芽不易破土，需助苗出土。育苗量少也可以将嫁接苗用塑料膜卷成筒（或用塑料袋），里面放些湿锯末或湿土保湿，7～10 天后打开筒的顶端，20 天左右将筒撤掉，用湿土培好。也可使嫁接苗在苗床愈合后，让苗木在床内萌发展叶，逐步进行适应性锻炼，然后移栽到田间。苗砧嫁接方法多用于稀有品种的繁殖，2009 年河南省洛宁县林业局徐虎智采用该方法完成了中国林业科学院核桃试验品种的嫁接繁殖任务。

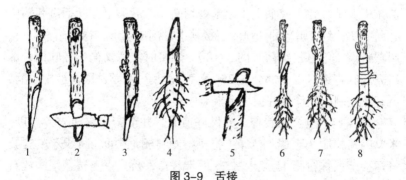

图 3-9 舌接

1. 削接穗　2. 接穗向上纵切　3. 削成的接穗　4. 削砧木　5. 砧木向下纵切
6. 穗、砧对接　7. 完成对接　8. 绑缚

②子苗砧嫁接　子苗砧嫁接法的优点是嫁接效率高，育苗周期短，成本低。具体操作步骤如下：

第一步，培育砧木。选个大、成熟饱满的核桃坚果作种子，根据嫁接期的需要，分批进行催芽和播种。播种前做好苗床，也可以用高 25 厘米、直径 10 厘米的塑料营养钵。营养土用 2/3 腐熟农家肥或腐殖质土、1/3 蛭石配制。一般于 2 月中旬将催芽的种子播入营养钵或苗床，播种时必须使核桃缝合线同地面垂直，否则胚轴弯曲不便嫁接。当胚芽长至 5～10 厘米时即可嫁接。为保证砧木苗基径粗壮，应对子苗减少水分供应，实行"蹲苗"，也可在种子长出胚根后，浸蘸 250 毫克/千克 α-萘乙酸和吲哚丁酸混合液，然后放回苗床，覆土厚 3 厘米，可使胚轴粗度显著增加。

第二步，采集接穗。从优良品种（或优株）母树上采集生长充实健壮、无病虫害的 1 年生发育枝（结果母枝也可用作接穗）。接穗要求细而充实，髓心小，节间较短，直径以 1 厘米左右为宜，种条过粗与砧木不相协调，难以成活。将接穗剪成 12 厘米左右长的枝段（上留 1～2 个饱满芽），并进行顶端蜡封处理。

第三步，嫁接。子苗嫁接时期为 3 月份，尤以 3 月上中旬为适期。子苗嫁接采用劈接。当种苗生根发芽将要展开第一片真叶时从苗床中取出，在子叶柄上 1 厘米处切断，然后顺子叶叶柄沿胚轴中心向下切长约 2 厘米的切口。将接穗下端削成楔形，插入砧木接口，用塑料条或细麻皮绑缚（图 3-10）。嫁接时注意勿伤子叶叶柄，嫁接完成后将接口以下部分在 250 毫克/千克 α-萘乙酸溶液中浸蘸，可有效控制萌蘖产生并促进新根形成和生长。

第四步，愈合和栽植。先做好苗床，并苗床底层铺 25～30 厘米厚的疏松肥沃土壤。苗床上搭拱形塑料棚（中间高 1.5 米左右）。将嫁接苗按株行距 15 厘米×25 厘米栽植，接口以上覆盖湿润蛭石（含水率为 40%～50%），愈合温度为 25℃～30℃，棚内空气相对湿度保持在 85% 以上，并注意通风。经 15 天左右，接穗芽萌发，此时白天要揭棚通风，逐步增加光照和降低温度进行炼苗。30 天左右，苗木有 2～3 片复叶展开，室外日平均温度升至 10℃～15℃时，即可移栽到室外苗圃地。一般选阴天或傍晚进行。在良好的管理条件下，当年苗木可高达 40～60 厘米。此种苗木繁殖方法生产中应用较少，多用于急于扩繁的稀有品种。

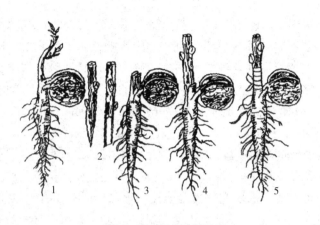

图 3-10　子苗砧枝接
1.子苗砧木　2.削接穗　3.切接口　4.插入接穗　5.绑缚

此外，核桃苗木嫁接繁殖方法还有很多，如河南省洛阳地区有的果农采用超长倒贴带木质芽接、绿枝接、双舌接、切接、根接等。生产中，各地应遵循管理简便、节省成本、快速高效的原则选择合适的嫁接方法。

（四）影响核桃嫁接成活的主要因素

核桃是较难嫁接成活的树种，生产中多年来一直是嫁接成活率低而不稳。影响核桃嫁接成活的因素很多，而且比较复杂，到目前为止，仍未搞清楚哪个因素对嫁接成活率影响最大。在此简单介绍几个影响核桃嫁接成活的主要因素。

1. 砧、穗质量的影响　嫁接成活需要砧、穗双方分别生产愈伤组织，继而分化产生连接组织，最终形成新植株。因此，砧、穗双方均需要有较强的生命力，如果其中一方失去生命力或生命力很弱，则难以产生或仅产生很少的愈伤组织，其嫁接成活率就低。反之，如果砧、穗双方质量均好、生理功能强、代谢旺盛，则易产生大量愈伤组织。这样，即使嫁接技术稍差，也能获得较高的成活率。

嫁接用砧木以 2～4 年生的健壮且无病虫害的实生苗为好。砧苗物候期不同对嫁接成活率也有一定影响，砧木萌发阶段的成活率低，抽梢及展叶期则成活率高。砧木嫁接高度对成活率也有影响，研究表明，嫁接在实生砧 22.5 厘米高度时，成活率为 74%～78.8%，30 厘米高度时成活率为 67.5%，15 厘米高度时成活率为 62.5%。此外，给砧木适量的供水，可提高芽接成活率。

接穗质量对嫁接成活率影响更大。接穗的质量可依其粗细、充实程度和保鲜状况等指标来综合衡量，其中接穗的保鲜状况（含水量）至关重要。据研究，当接穗枝条含水量低于 38.48% 时（即失水率超过 11.75%），不能产生愈伤组织，这种枝条不宜用来作接穗。当然，并非枝条含水量越高对愈伤组织形成越有利。接穗的髓心大小对嫁接成活率也有重要影响。有试验表明，髓心率为 31%～40% 时，嫁接成活率最高；当髓心率超过 50% 时，嫁接成活率很低。此外，接穗的休眠程度对成活率也有一定影响，芽子未萌动的接穗成活率高，如接穗芽子已膨大或已萌发，由于接穗内部的水分和养分消耗较大，嫁接成活率也会降低。

一般来说，同一株采穗母树上，春季生长的接穗充实健壮，木质化程度高，髓心小，嫁接成活率高；秋季生长的接穗则与之相反。在同一发育枝上，中下部枝段作接穗最好，顶部枝段作接穗质量较差，一般不能使用。夏季芽接和嫩枝嫁接以半木质化的枝条成活率最高。

2. 砧、穗亲和力的影响　嫁接亲和力是砧木和接穗双方能够正常连接并形成新的植株的能力，是确定优良穗、砧组合的基本依据。有的组合嫁接后，砧、穗双方虽能生长愈伤组织，但不能相互连接成新的植株；有的嫁接后短期内连接成活，但生长发育不良，或寿命很短，这均表明双方亲和力差。从我国目前常用的几种砧木来看，核桃本砧、穗之间，铁核桃与泡核桃之间均属种内嫁接，亲和力均很强；核桃与美国黑核桃是种间嫁接，多数类型嫁接亲和性差，而核桃与美国黑核桃中的魁核桃嫁接亲和性良好，与其他类型的黑核桃嫁接亲和性差。核桃与核桃楸是同属异种，核桃与枫杨是同科异属间嫁接，它们之间虽有一定的亲和力，但嫁接后常出现"小脚"现象（接口为上面粗，下面细），或萌蘖丛生，成活后的保存率也很低，表现为后期亲和力较差。此外，同种砧木不同接穗品种组合其亲和力也有较大差异。

3. 伤流液的影响 核桃枝干受伤后易出现伤流液，尤其在休眠期表现极为明显，它是影响嫁接成活的重要因素。嫁接时伤流过多，会造成接口缺氧，抑制砧、穗接口处组织的呼吸作用，阻止愈伤组织形成。伤流液的多少受诸多环境因子制约，如湿度大、气温低、雨水多时，伤流量随之增加。同时，伤流量的多少也与核桃自身的物候期、树龄和生长势等有关，如休眠期伤流多，则生长期伤流少或没有伤流。在同一株树上的不同部位伤流量也不同，枝条级次愈高（即离根系愈远），伤流液愈少。避免或减少伤流液的方法有断根和砍干、锯干放水，生产中可采取提前剪砧、留拉水枝、推迟嫁接时期等方法。但完全避免伤流对嫁接成活的不良影响则比较困难，这也是核桃室外嫁接成活率不稳定的主要原因之一。春季枝接依据气候、生长环境对砧木采取放水措施，干旱的年份或生长在旱地上的砧树嫁接时可不进行放水，而雨量丰沛年份和灌溉条件良好地块上的砧树嫁接前必须放水。

4. 温度和湿度的影响 核桃愈伤组织的形成的适宜温度为25℃～30℃，低于15℃时，愈伤组织不能形成；超过35℃时，会抑制愈伤组织的形成。湿度是愈伤组织形成的另一主要条件，砧木因其根系可吸收水分，通常容易形成愈伤组织；而接穗是离体的，只有在适宜的湿度条件下，才能保证愈伤组织的形成，尤其是接口周围的湿度更为重要。研究表明，核桃只能在土壤相对含水量为14.1%～17.5%的条件下产生愈伤组织，而嫁接微环境（即接口周围）的相对湿度以70%～90%为宜。湿度过小会造成接穗失水干枯，过大则嫁接口通气不良，易窒息而死。

5. 嫁接时期和嫁接方法的影响 嫁接时期主要是通过温度、湿度及伤流量等因素来影响嫁接成活率的。嫁接适期的选择非常重要，嫁接过早或过晚均不利于成活。过早因气温低，天气干燥多风，砧穗生理活动弱，不易产生愈伤组织，加之伤流量大，嫁接成活率很低；过晚因气温升高，湿度降低，接穗易萌发，使接口失水变干，形成"假活"现象，接穗也易霉烂。核桃嫁接方法不同，嫁接适宜的时间节点也不尽相同。

嫁接成活与操作技术水平密切相关，优秀的嫁接工无论用何种嫁接方法成活率均高。但是，相同嫁接操作水平，嫁接方法对成活率也有明显的影响（表3-1），插皮舌接法成活率最高，贴接和劈接次之，腹接成活率很低，这可能与腹接时间有关。无论枝接还是芽接，一般砧穗接触面积大的嫁接方法成活率较高。

表3-1　不同嫁接方法的成活率　（%）

嫁接方法	嫁接时期			
	4月5日	4月12日	4月26日	总平均
插皮舌接	92.8	91.3	80.9	89.58
贴接	95.1	88.6	74.0	80.65
劈接	95.0	75.0	69.0	73.33
腹接	62.2	44.9	56.1	47.43

（五）嫁接苗管理

核桃从嫁接到萌芽抽枝需30～40天，为保证嫁接苗健壮生长，应加强管理。

1. 谨防碰撞 刚接好的苗木接口不甚牢固，碰撞易造成接口的错位或劈裂，田间作业要小心，勿碰伤苗木。同时，要严禁人、畜进入圃地。

2. 除萌芽 嫁接后20天左右，砧木上易萌发大量幼芽，应及时抹掉，以免影响接芽萌发和生长。除萌宜早不宜晚，以减少不必要的养分消耗。一般当接芽新梢长到30厘米以上时，砧芽很少再萌发。

3. 剪砧及复绑 芽接时砧木未剪或只剪去一部分，一般芽接后在接芽以上留1～2片复叶剪砧。如果嫁接后有可能降雨，可暂不剪砧，接后5～7天可剪留2～3片复叶，到接芽新梢长到20厘米以上时，再从接芽以上2厘米处剪除。此外，有试验表明，芽接后6～8天，另换塑料条复绑，有利于接芽成活和生长。

4. 解除绑缚物 大树高接或枝接的苗木，因砧木未经移栽，生长量较大，可在新梢长到30厘米以上时及时解除绑缚物。而室内枝接和芽接苗木生长量较小，绝大部分可在建园栽植时解绑，以防起苗和运输过程中接口劈裂。

5. 绑缚立柱防风折 接芽萌发后生长迅速，嫩枝复叶多，遇降雨易遭风折。因此，必要时可在新梢长到20厘米时，在旁绑立柱，用绳将新梢和立柱按"∞"形绑结，起固定新梢和防止风折的作用。

6. 摘心 枝接和芽嫁接早的萌芽生长快，生长量大，尤其是高接换优的大树，接穗萌枝可长到1.5米以上，不但易风折，而且增加冬季修剪量。因此，在萌发的新梢长至80厘米左右时进行摘心，以增加分枝，促使主枝增粗，提高新梢木质化程度，提高抗寒能力。

7. 肥水管理和病虫害防治 核桃嫁接之后2周内禁忌浇水施肥，当新梢长到10厘米以上时应及时追肥浇水，可结合浇水每667米^{2}追施尿素20千克。20～30天后每667米^{2}再追施尿素20千克，进入8月份每667米^{2}追施三元复合肥15～20千克。土壤缺水应及时灌溉，生产中可视叶片萎蔫程度适时浇水。一般上午10时前、下午5时后叶片萎蔫，说明核桃苗缺水，应及时浇水。生产中追肥、浇水可与松土除草结合进行。为使苗木充实健壮，秋季应适当控制浇水和施氮肥，适当增施磷、钾肥。8月中旬摘心，以增强木质化程度。此外，苗木在新梢生长期易遭食叶害虫危害，要及时检查，注意防治。

（六）苗木出土与分级、贮运和假植

1. 苗木出圃与分级　苗木出圃要根据栽植计划进行，挖苗前几天应做好起苗准备，若土壤过于干燥，应充分浇水，以免挖苗时损伤过多根系。浇水后须待土壤稍疏松、干爽后挖苗。秋栽的苗木，应在新梢停止生长并已木质化、顶芽形成并开始落叶时进行挖苗，栽植前从苗圃地挖出，挖苗时保持苗木根系完整，尽量避免风吹日晒，减少苗木损伤。起苗后按苗木质量标准分级，核桃苗粗壮，一般每捆 20～30 株，分清品种挂标签。远距离运输的苗木要进行保湿保暖包装，根系蘸泥浆。春季栽植的苗木挖苗前 1 周浇水，挖苗后及时运输栽植，这是因为春季升温快、空气干燥，苗木易失水。苗木分级的目的是保证苗木的质量和规格，提高建园时的栽植成活率和整齐度。核桃嫁接苗木要求接口结合牢固，愈合良好，接口上下的苗茎粗度要一致；苗茎通直，充分木质化，无冻害风干、机械损伤以及病虫危害等；苗根的劈裂部分粗度在 0.3 厘米以上时要剪除。根据国家标准，核桃嫁接苗的质量等级见表 3-2。

表 3-2　核桃嫁接苗的质量等级

项　目	1 级	2 级
苗高（厘米）	>60	30～60
基茎（厘米）	>1.2	1.0～1.2
主根保留长度（厘米）	>20	15～20
侧根条数（根）	>15	>15

2. 苗木贮运　根据运输要求及苗木大小，嫁接苗按 25～30 株打成 1 捆。不同品种分别打捆，挂上挂签，注明品种、苗龄、等级、数量等，根系蘸泥浆，然后装入湿蒲包内。包装外面再挂 1 个相同

的标签，以防苗木品种混杂。运输过程中，要注意防止日晒、风吹和冻害，并注意保湿和防霉。到达目的地后，立即解绑假植。苗木运输最好在晚秋或早春气温较低时进行，一般从南方向北方运输需提早进行，从北方向南方运输可适当推迟，防止苗木提早发芽。外运的苗木要经过检疫，以防病虫害的蔓延。各地应根据本地区的情况制定对策，对流行性疫病严格控制和防治，做到疫区不出境，新区不引进。在苗木繁殖期间，一经发现病株必须立即挖出烧毁，对发生类似检疫病虫害的苗床土壤要严格消毒。

3. 苗木假植 起苗后如不能立即外运或栽植时，必须进行假植。假植分为临时（短期）假植和越冬（长期）假植2种。前者一般不超过10天，只用湿土埋严根系即可，干燥时及时喷水；后者则需细致进行，可选地势高燥、排水良好、交通方便、不易受牲畜危害的地方挖沟假植。沟的方向应与主风向垂直，沟深约1米、宽约1.5米，长度依苗木数量而定。假植时，先在沟的一头垫些松土，将苗木呈30°～45°角斜排，埋土露梢，然后再放第二排苗，依次排放，使各排苗呈错位排列。假植时若沟内土壤干燥应喷水，假植完毕后，用土埋住苗顶。土壤结冻前，将土层加厚到30～40厘米，春暖以后及时检查，以防霉烂。在温暖的地区可以将苗木散开直接栽植在假植沟内，浇透水，再埋土厚约50厘米即可越冬。

第四章
核桃建园

一、嫁接苗建园

经济条件较好的地区，用培育好的良种嫁接苗栽植建园，做到树龄整齐，品种搭配和布局合理，株行距规格统一，便于管理和实现集约化经营，是核桃优质高效生产的主要途径。

（一）园址选择

核桃是喜温暖的树种，在年平均温度 9℃ ～ 16℃，极端最低温度不低于 –25℃，极端最高温度不高于 38℃，无霜期 180 天以上的气候条件下生长结果良好。核桃幼树期低于 –20℃ 以下低温，主干和枝条发生冻害或死亡；成年大树虽然能耐 –30℃ 以下低温，但是低于 –26℃ 的低温就会出现雄花芽、叶芽和枝条冻害；树体展叶后如遇 –2℃ ～ –4℃ 低温新梢冻死变黑；花期和幼果期气温下降到 –1℃ ～ –2℃ 会出现冻花冻果，导致减产或绝产。夏季温度高于 38℃，尤其超过 40℃ 高温，枝条和果实易发生日灼。核桃树栽植对海拔也有一定的要求，多数地区核桃栽植不超过海拔 1 200 米，海拔过高光热不足，核桃结实差，果实品质低，易遭遇霜冻。一般要求低纬度地区在较高海拔条件下栽植核桃，高纬度地区在较低海拔条件下栽植核桃，以保证核桃健壮生长，丰产优质。核桃树对水分的要求因品种不同而有所差异，如湖北恩施年降水量大于 1 500 毫米，而新疆吐鲁番年降水量 12 毫米，但两地核桃均生长结果良好。核桃耐干燥的空气，对土壤水分状况比较敏感，土壤过旱或过涝均不利于核桃的生长和结果。温暖干燥的气候、充足的光照、较大的昼夜温差，有利于核桃开花结实和提高果实品质。

核桃树为深根性树种，喜土层深厚、土壤疏松肥沃、光照良好，较耐旱抗寒，对不良环境适应性较强。因此，在我国北方地区可以充分利用大面积的浅山丘陵地和黄土区栽植核桃树，作为当地农村发展经济的重要途径。核桃园应选择在背风向阳、地形开阔、地势平坦的地方，最好是土层深厚、土质疏松的壤土。一般要求坡度 25° 以下，土层厚度大于 1 米，pH 值 7～7.5，地下水位 2 米以下。栽植在土层薄、贫瘠、黏重土壤中，核桃树生长弱小，容易出现"焦梢"，病虫害严重，产量和质量较低。近年来，不少地区追求核桃栽植面积和规模，盲目在土层瘠薄的坡顶、山地大面积栽植核桃，造成植株生长弱小、病虫发生严重，无任何经济效益。核桃树开花较早，新梢和花果易受寒流及晚霜影响而发生冻害。盆地、密闭的谷地或山坡底部空气流通差，冷空气易下沉集结，冻害频率高，不宜栽植核桃树。要特别注意避开迎风口，这种地形不仅新梢、花果易受寒流冻害，而且授粉受精不良，坐果率低。新建核桃园还应避开老果园迹地，以免发生再植病，如果避不开，应进行土壤消毒、深翻、清除残根、客土晾坑、增施有机肥等措施，并注意不能在原定植穴上栽植。核桃树若多年连作，易感染根结线虫、根腐病、腐烂病等而影响核桃的生长发育，甚至造成核桃树死亡。在柳树、杨树、槐树生长过的土壤上栽植核桃，容易感染根腐病。优质高效核桃园还应避开城镇、公路干道和工矿污染区，而且具备良好的水利条件，做到旱能浇涝能排。核桃的坚果耐贮运，尤其适合在交通不便的边远山区发展，园址的选择对保证核桃树健壮生长和丰产稳产具有重要意义。

（二）核桃园规划

建立核桃生产基地，园址选定后，应进行全面规划。设计好栽植小区，设置道路、防护林、水利排灌系统和建筑物。核桃园规划栽植区面积要大于 90%，防护林面积占 5%，排灌和道路占 1%，建筑物占 0.5%，其他占 0.5%。

1. 栽植小区划分 为便于生产和管理，应先将核桃园划分成若干个作业小区，其形状、大小可依地形地貌，结合防护林、道路和水利系统的安排来确定。一般山地的栽植小区面积为 2～2.7 公顷，开阔地栽植小区面积为 5.3～6.7 公顷。长方形的小区便于管理，小区的长边要与等高线平行。坡地、梯田应以坡、沟为小区单位，坡面过大时，应再划分成若干梯田小区。

2. 道路建设和建筑物 山地核桃园的道路设置非常重要，但生产中往往被忽视，造成交通运输不便，劳动强度增加，效率不高。主干道路要贯穿全园，与村庄及公路连通，宽 6～8 米。梯田小区间的支路与主干道相通，一般设在梯田小区的边缘，宽 3～4 米，可作为小区的分界线。作业道与支路相通，是小区内从事生产活动的要道，宽 2～3 米，机械化管理程度高的作业道可适当放宽。

建筑物包括办公室、库房、工具房、配药池、晒场和包装场，应建在交通方便的地方，尽量不占用好地。

3. 排灌系统 为促进核桃树生长和结果，核桃园要力争建设水利排灌系统，主要包括水源、水渠、排水沟和排灌机械设备。山地丘陵核桃园的灌溉系统，应设置输水和配水设施，建筑引水渠和灌溉渠。水渠的位置要高，尽可能与小区的边缘、道路、防护林相结合。山地的灌溉渠应设在小区的上坡或梯田内侧。山地坡度大，雨季水流急，核桃园要挖排水沟。山地丘陵地区打井困难，要充分利用河流、溪水和蓄积降水作灌溉水源。平地核桃园可用井水作灌溉水源，灌水渠的布局可与道路、防护林相结合，排水沟可直通河流、山沟。

4. 营造防护林

（1）**防护林的作用** 我国北方地区春季多风，而且风速大。而春季正值核桃萌芽和开花的季节，雌花盛开期遇寒潮容易造成冻害减产或绝收，遇大风柱头易风干失水或被尘土糊住，不利于授粉受精，从而影响坐果，降低产量。设置防护林可以改善核桃园生态条件，保护核桃树正常生长发育和结果。设置防护林的作用：一是降低风速，减少风害。微风和小风可以促进空气流动，有利于光合作用和蒸腾作用，促进根系吸收，清除和减少辐射霜冻的威胁，还可以辅助果树授粉。但是，大风和干热风使树冠偏斜，水分失调，叶片萎蔫，采前果实大量脱落，造成减产或绝收。建立果园防护林，可以降低风速，减少风害对核桃树的威胁。据新疆林业科学研究院调查，防护林可使核桃园风速降低 39%～48%。二是调节温度和湿度。研究表明，林网内最高温度比对照平均低 0.7℃。有防护林保护，冬季可提高地温 0.7℃～3.5℃，夏季可降低气温 0.7℃～2℃。园内湿度冬季提高 6.4%，夏季提高 8.5%，秋季提高 9.4%。此外，防护林还可减轻核桃越冬"抽条"和保持土壤含水量的效应。三是减轻冻害，提高坐果率。由于防护林冬春有增温效应，故对容易发生冻害的果园有明显的保护作用。四是减轻病虫危害。防护林设置，增加了生物多样性，使病虫天敌与病虫达到相对平衡，减少病虫发生频率和减轻危害频度。山地果园和坡地果园建立防护林，还有保持水土、减少地表径流、防止冲刷的作用。

（2）**防护林的类型** 近年来，有些地区在核桃园防护林设计中，本着以园养园、增加效益的要求，在树种配置中，除一般林木树种外，还增加了适应当地的果树、蜜源、绿肥、建材、筐材、花卉、园林等树种，达到既能防风固沙、改善气候，又能增加收益的目的。防护林可分为不透风林带与透风林带，不透风林带又分为墙式林带和拱式林带（图4-1）。墙式林带是由数行或多行树组成的不透风林带，这种林带风可越顶而过，并很快下窜入园，防护地段较小。拱式林带是中央高、两侧渐低、呈拱形的林带，防护距离较远。透风林带排气良好，在减少果园水分流失方面不如不透风林带。规划果园时，主林带多用拱式不透风林带，区间林带用2～4行透风林带。防护林的防风效果主要依林带所在地势、林带高度及密度等不同而异。地势高、树体高，防护距离长。防护林有效范围：背风面为林带高度的25～35倍，在树高20倍的范围内降低风速17%～56%，效果最好的距离是林带的10～15倍处；迎风面为林带高度的5倍。

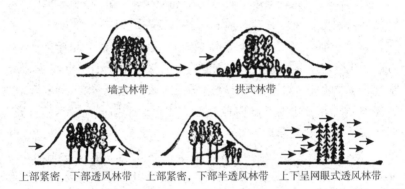

图4-1　防风林带的类型

（3）防护林树种选择　用于防护林树种应具备的条件：①对当地自然环境有较强的适应能力。②主要树种具备树冠大、生长快、寿命长的特点，以利于较早地起到防风作用。③对核桃树生长无不良影响。④不应是核桃树病害的中间寄主。⑤树冠紧密、直立，对邻近核桃树影响较小，根深而不易风折。在风大的地区，应选择枝叶茂密、较抗风的树种。生产中应尽量选择经济价值较高的树种，如蜜源、用材、绿化等。一种树难以兼备上述各个条件，可以选择多个树种，相互搭配，以达到防风护林的效果。

防护林常用树种有杨树、柳树、泡桐、白蜡、银杏、苦楝、山杏、柿树、水杉、雪松、侧柏、油松、木瓜、海棠、樱花、皂荚、枫杨、栾树、法桐、香椿、楸树、辛夷、玉兰、女贞、石楠、沙梨、紫穗槐、酸枣、红叶李、玫瑰等。

（4）防护林搭配的原则 北方春季西南风对核桃树危害大，防风林的方向应迎着风向设立。一般不透风的主林带方向应与风向垂直。对于透风式的林带，特别是网眼式透风林与风向呈一定的偏角，能加强防风效果（图4-2）。因为风通过一定偏角透过林带，比垂直地透过林带相对地增厚了通过防风林带的距离。在平地核桃园，林带的边角应设立一个缺口，一般不大于10米，山地核桃园，则应设立在地势较低的林带的下方，以利于气流通畅。山坡地核桃园，还可设立又密又厚的防风、防霜兼用林。这种林带应设在山坡之上，以阻止夜间辐射而冷却了的空气从山坡上向下沉积。山的最上坡应设置不透风林带，与其平行的中下部林带应为微透风林带，最下部应为透风林带。主林带不可与山坡完全平行，林带的一端应稍偏于谷口，这样可使被阻滞的冷空气顺着林带的一端流向谷底。实行机械化作业时，应保持足够长度的单程。纵向区间林带之间距离适当长一些，使小区呈长方形。纵向林带与核桃树之间保持一定的距离，以利于机械化作业转弯时通过。临近果树的平行防护林带，应与果树保持10～15米的距离，并沿防护林边缘挖沟断根，避免遮阴和根系窜入果园，影响果树生长。

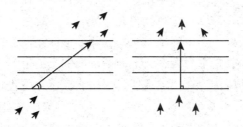

图4-2　林带与风向呈一定偏角

（5）防护林营造 ①主林带采用乔灌混合配置，中间栽植乔木树种，两侧栽植灌木树种。中间栽植高大的速生乔木，株行距按1米×1米或1米×2米，树长大后隔株间伐，一般栽植3～5行，风大的地区栽植 8～10 行。在速生乔木两侧各栽植 2～3 行生长较慢的乔木，株行距 1 米×1 米或 1 米×2 米。最外侧两边分别栽植灌木林带。②区间林带主要防护每一小区的果树，应选择速生、枝叶茂密的树种，如白蜡、女贞等。

河南省沿黄河滩地核桃园，多用泡桐、刺槐作防护林树种；豫西丘陵山地多用杨树、刺槐、女贞、楸树、花椒作防护林树种，个别核桃园用黑核桃、楸树、刺槐作防护林树种效果也很好。各地应根据实际情况，选择适宜的防护林树种和科学的栽植方式，以收到较高的经济效益并达到设计的防风护林效果。

5. 山地核桃园水土保持

核桃园多建立在山区丘陵地，水土保持任务繁重意义深远。

（1）水土保持的内涵 水土流失是地表径流对土壤侵蚀的结果，土壤侵蚀分为面蚀和沟蚀两种类型。核桃园发生面蚀和沟蚀造成土壤质地恶化，表土层中土粒减少，含石量相对增加，水分和养分下降，施肥和灌溉的效果短暂，而且土质坚硬、耕作困难。土壤侵蚀，果树根系生长受到抑制，枝条生长量小、叶片小，容易出现"焦梢"，产量和质量下降；在根部裸露的情况下，果树寿命缩短，严重时导致死亡。水土流失的多少，取决于土壤冲刷速率的大小。冲刷速率大小与地形、降雨量、土壤、植被及耕作方式有关。山地核桃园坡度大，冲刷速率自然也大。坡面平整程度与坡面冲刷力度密切相关，坡面不平，降雨时容易在凹处形成沟蚀，在凸起处形成片蚀。坡面长，集雨面大，自上而下形成的径流量大，土壤侵蚀严重，易形成冲刷沟。在山坡地修筑梯田或撩壕，防止和减少水土流失，主要是缩小了集雨面积，减少了地表径流途径和径流量。北方地区降雨多集中在 7～9 月份，降雨量占到全年降雨量的半数以上。此期降雨强度大，土壤侵蚀严重。这个时期温度高，湿度大，核桃树和杂草生长旺盛，果农加大果园中耕除草，大片表层土壤被松动，在雨水冲刷下，很容易造成径流和大片表土被剥蚀，水土流失严重，出现片蚀和沟蚀。山地土层薄，地表坚实，降雨后渗透量小，地表径流量大，水土流失量大。疏松的土壤，在降雨强度小的情况下，雨水渗入土壤中，不出现径流；遇强降雨时，土壤含水量饱和，多余的水造成地表径流，水土流失。多数核桃园采取土壤清耕管理，行间植被少，对强降雨冲刷阻止能力弱，地上植株和地下根系吸水量少，土壤侵蚀严重。采取适当的保水和防止水土流失措施，减少核桃园水土流失，可为核桃树生长结果提供良好的土壤条件，达到优质高产和延长经济寿命的目的。如推广果园生草技术，不但增加有机质，而且可保持水土，减少地表径流强度，减轻水土流失；核桃园耕作时，纵向耕作常造成严重沟蚀，横向水平耕作，可切断坡面，挡蓄径流，减少冲刷；在坡地果园，沿等高线开挖竹节沟、蓄水沟、果园覆草等措施，都可明显减少水土流失。

（2）山地核桃园的水土保持工程　山地核桃园片蚀和沟蚀现象普遍发生，发展山地核桃园应在建园的初期，规划和兴建水土保持工程，减少降雨或干旱对核桃树造成的危害，减少地表径流和水土流失，为核桃树生长发育创造良好的自然环境。

①等高线栽植　按等高线在山地坡面上横向栽植核桃树，利于横向耕作和自流灌溉，可减少降雨冲刷。在坡度大的核桃园，尤其是大型核桃园，建园时按等高线栽植规划，成园后方便土壤耕作和机械化作业。按等高线栽植的核桃园，实现了果园沿等高线横向耕作的作业方式，可减少果园片状剥蚀 $1/3 \sim 1/2$，降雨量小或降雨强度小的情况下不易出现径流，暴雨或降雨强度大的可明显减少地表径流，保持水土。据调查，坡度 12° 时降水强度每小时 15 毫米时，沿等高线栽植的 5 年生核桃地 40 分钟以后出现地表径流，对照地 30 分钟即出现地表径流。

②水平梯田　在坡地上，沿等高线修成的田面水平和埂坎均整的台阶式田块，叫水平梯田（图4-3）。修建水平梯田是保水、保肥、保土的有效方法，是治理坡地、防止水土流失的根本措施，也是实现山地果园水利化和机械化的基本建设。同时，是确保果园优质高效生产的基本保障。水平梯田按梯田壁所用的材料不同，分为

石壁梯田和土壁梯田。修筑梯田时，梯田壁应稍向内倾斜，石壁梯田石壁与地面呈约 75° 角倾斜，土壁梯田的土壁与地面呈 50° ～60° 角倾斜。垒石壁时基部底石要大，里外交错，条石平放，片石斜插，圆石垒成"品"字形，石块相互压茬。石缝要错开嵌实咬紧，小石填缝，大石压顶；土壁应平滑内倾，壁顶高出土面，筑成梯田埂。修筑梯田时，随梯田壁增高，以梯田面中轴线为准，在中轴线上侧取土填到下侧处，保持梯田面水平，一般情况下不需从外面取土。梯田面的宽度和梯田壁的高度，视坡度大小、土层深度、栽植距离、管理方便等情况而定。坡度缓，梯田面可做宽些，梯田壁可做低些；反之，梯田面窄，梯田壁高。在条件允许的情况下，尽可能把梯田面做宽，有利于核桃树生长结果，又方便管理和机械化作业。

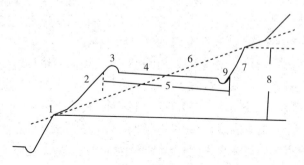

图 4-3　梯田断面图

1. 壁间　2. 梯田壁　3. 梯田埂　4. 梯田面　5. 梯田面宽
6. 原坡面　7. 削壁　8. 梯田高　9. 背沟

梯田面平整后，从内沿挖一条排水沟，排水沟按 0.3%～0.5% 的比降，将积水导入总排水沟内。总排水沟上，应每隔 150～200 米修建一座蓄水池。蓄水池的大小可根据流水量和需要而定，一般容积为 30～50 米^3。将排水沟挖出的土堆到梯田面外沿，修筑梯田埂。一般田埂宽 40 厘米，高 15～20 厘米。至此便修成了外高里低（外撅嘴、内流水）的水平梯田。核桃树应栽植在距梯田面外沿约

1/3 田面的地方,最少距外沿要大于 2 米。

③撩壕　在坡面上,按等高线挖成等高沟,把挖出的土在沟的外侧堆成土埂,这就是撩壕。在壕的外侧栽植核桃树,叫撩壕栽植。修筑撩壕是坡地果园水土保持的有效途径之一。撩壕分为通壕和小坝壕,通壕的沟底呈水平式,壕内有水时,能均匀地分布在沟内,水流速度缓慢,有利于保持水土,但水量过大时,不易排出,尤其不按等高线开沟,或沟底凹凸不平,低洼处积水严重,高凸处无水可用,遇暴雨时撩壕易被冲毁,果树根系供水不均匀,造成树体大小有差异,果园树相不整齐,影响总产量。通壕适用于地势缓平和坡面整齐的山坡上采用。小坝壕与通壕相似,不同点是沟底有一定比降(0.3%～0.5%)。在沟中每隔 8～10 米做一小坝,用以挡水和减低水流速度。小坝壕比通壕更利于保持雨水,当降水少时,水完全可以保持在沟内;水多时,溢出小坝,朝低处缓缓流向。小坝壕适用于坡度大、水流急、果树栽植比较整齐的山坡核桃园。挖撩壕前先清除园内的灌木、杂草。沿等高线开挖,壕宽 0.8～1 米、深 0.8～1 米。据河南省栾川县潭头镇南坡村民组挖撩壕的核桃园提早结果 1～2 年,产量提高 20% 以上,坚果单果重明显增加,干旱季节上午 10 时以后叶片出现萎蔫,下午 4 时叶片恢复正常。遇特别干旱年份,树冠下部黄叶明显减少,秋季落叶推迟 3～5 天。

④鱼鳞坑　鱼鳞坑是山地核桃园普遍采用的比较简易的水土保持工程,对山地果园起到一定程度的水土保持作用。鱼鳞坑修筑的大小要根据树龄而异,3 年生以下幼树要求坑长约 1.5 米、宽约 1 米、深 20～30 厘米,以后随树龄增大,结合挖施肥沟和土壤垦覆,逐年扩大。10 年生树龄,鱼鳞坑的长度要达到 3 米以上。修筑鱼鳞坑时,坑面要稍向内倾斜,便于蓄水,沿坑的外面修一条土埂,土埂高于坑面 15～20 厘米,坑面土壤保持疏松,起到蓄水和防止水土流失的作用。鱼鳞坑适用于缓坡,这种坑在截流保水方面作用比较小,陡坡遇暴雨的情况下,常常坑满外溢,坑沿的两侧容易造成冲刷沟,而且在两坑之间的坡面上还存在水土流失现象。但是,鱼

鳞坑在水土保持工程中，造价低、应用灵活，很受果农的欢迎。

⑤灌木串带　在核桃树内，每隔3～4行核桃树密植1个灌木带，可以起到截断坡面径流、防止雨水冲刷和拦淤作用。灌木串带不仅有利于水土保持，还可以有效利用土地，增加收入。设置灌木带的树种要求速生、根系发达、枝叶繁茂、收益快，可栽植经济价值高的中药材或经济树种，如连翘、山茱萸、金银花、接骨木、凤丹、花椒等。河南省洛阳地区果农在核桃树下种植油用牡丹，油用牡丹耐阴且根系浅，核桃树根系较深，两者相互影响小；既解决了山地核桃园的水土保持问题，又增加了林下经济收入。

⑥谷坊　山地核桃园中大小冲刷沟应及早治理，否则造成沟蚀，水土流失严重，影响整个果园生产。治理冲刷沟最简单有效的措施是修筑谷坊，就是在沟中修筑土坝或石坝，拦截泥水，逐年将沟淤平。石谷坊修筑，比较坚固，不易被泥水冲垮，但修筑成本高。修筑时将沟底和沟壁挖成槽，然后用石块砌坝。谷坊的断面应该下底宽，上面窄，呈梯形。修筑时可以用石块干砌，也可以用石灰水泥勾缝筑砌，石谷坊要在坝的中间留1个出水口，使降雨后多余的水从出水口流出，以免冲垮沟帮。修土谷坊最好用湿土夯实，为使谷坊牢固，可在上面种植紫穗槐、柳树、草等。为了防止沟蚀，在沟坡里种植紫穗槐、连翘、迎春花、金银花等植被，以减轻沟坡径流和沟蚀。

6. 栽　植

（1）栽植前土壤改良　栽植前对不同类型的土壤采取相应的改良措施，改善土壤物理结构和化学性质，可以提高核桃树栽植成活率，促进核桃生长发育，早结果和丰产稳产。山地核桃园的特点是地势不平，土层薄，沙石多，水土流失较重。土壤改良的重点是深翻熟化，加厚土层，提高土壤肥力。一般深翻60～100厘米，深翻时将土杂肥或杂草、秸秆填入底层，填土时先填表土，后填底土；沙土地改良的重点是保水保肥力，改善大风扬沙和土壤的物理结构。有条件的地区以淤压沙，种植绿肥或覆盖秸草。结合施肥每年扩充树穴，填入黏土和圈肥与土杂肥的混合物，增加土壤有机质含量，增加土壤持水能力，减少肥料流失；盐碱地改良的重点是降低土壤盐碱含量，可以采取修筑台田、挖排水沟、增施有机肥、种植绿肥、以淤压沙等措施。

（2）**苗木选择**　准备苗木是完成果园建设一项很重要的工作，它不仅需要掌握所需苗木的来源、数量，更重要的是应保证苗木质量。苗木质量除要求品种优良纯正外，还要求苗木主根发达，侧根完整，无病虫害，分枝力强，容易形成花芽，抗逆性强。一般以株高1米以上、干径不小于1.5厘米，须根较多的2～3年生壮苗为佳。如有条件，最好就地育苗，就地栽植。若需外购苗木应按苗木运输要求进行。

（3）**整地施肥**　一般整地挖穴规格为1米×1米×1米，定植穴挖好以后，穴底可填入粉碎的秸秆或青草10千克，然后将表土与粪肥30～50千克混合填入坑底，将下层土与磷肥2～3千克混合填入坑的中部（图4-4）。

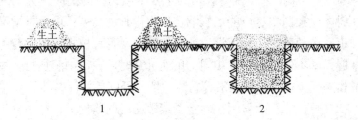

生土　熟土

1　　　　　　　　　　2

图 4-4　肥培栽植穴
1.挖坑　2.肥培

挖穴整地最好在8～9月份进行，这是因为此时期整地有大量的秸秆、青草可以回填，而且气温较高有利回填物的腐烂。整地时间最迟应在年底前完成。

（4）**栽植方式**

①**林网式栽培**　林网式栽植是指在农田或田边、地埂等处，采用小密度栽培核桃树，林中长期间作农作物，也被称为农林间作。

林网式栽培具有保护农田、增加农作物产量的作用，属于农田防护林的组成部分。在对农作物管理，间接起到管理核桃树的效果，同时核桃林改善了农田小气候，减轻了风沙和干热风对农作物的危害，便于农林双丰收，既解决了群众的粮食问题，又增加了经济收入。广西壮族自治区宜州市福龙瑶族乡林网式栽培核桃达7 000公顷，年增收益2 500万元；河南省济源市发展核桃3万余公顷，近四成面积采用林网式栽培，取得了显著的经济效益和生态效益。实践证明，这种种植方式比单纯种植农作物收益高。林木在农田中的配置方式各地有所不同，大体上可分为3种，一是采用大行距，正常株距配置；二是采用带状配置，带间有较大距离；三是株行距都加大，即所谓"满天星式"栽培。林网式栽培密度一般在每公顷150株以下。

林网式栽培根据栽培地区的地貌，可分为平地林网和山地林网。平地林网是平川地区林网式栽培，多采用单行种植，行距为12～30米，株距为核桃树栽培的正常距离，行的走向应为南北方向，树体应控制在尽可能不影响农作物生长的高度；山地林网又分为梯田和坡地两种，梯田沿田埂（梯壁）单行种植核桃树，行距灵活掌握，基本保持与平地相同，田面过宽时可在田中间加行，过窄时可相隔一个梯田；坡地沿等高线种植，可以是单行也可呈带状。

②普通园片式栽培　在确定了栽植密度的前提下，可结合当地自然条件和核桃的生物学特性，采用以下普通园片式栽植方式（图4-5）。

第一，长方形栽植。这是我国广泛应用的一种栽植方式，特点是行距大于株距，通风透光良好，便于机械管理和采收。

$$栽植株数 = 栽植面积 / （行距 \times 株距）$$

第二，正方形栽植。这种栽植方式的特点是株距和行距相等，通风透光良好、管理方便。若用于密植，树冠易郁闭，光照较差，间作农作物管理不便，应用较少。

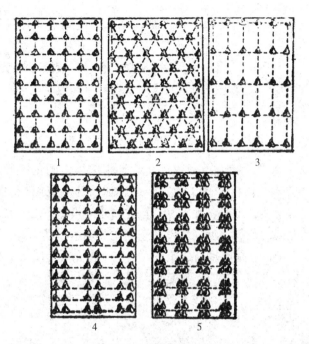

图 4-5　栽植方式

1. 正方形栽植　2. 三角形栽植　3. 长方形栽植　4. 双行栽植　5. 丛植

$$栽植株数＝栽植面积/（栽植距离）^2$$

第三，三角形栽植。三角形栽植是株距大于行距，两行植株之间互相错开而成三角形排列，俗称"错窝子"或梅花形。这种方式可提高单位面积上的株数，比正方形多栽 11.6% 的植株。但是由于行距小，不便管理和机械作业，应用较少。

$$栽植株数＝栽植面积/（栽植距离）^2×0.86$$

第四，带状栽植。带状栽植即宽窄行栽植。带内由较窄行距的 2～4 行树组成，实行行距较小的长方形栽植。两带之间的宽行距（带距）为带内小行距的 2～4 倍，具体宽度视通过机械的幅宽及带间土地利用需要而定。带内较密，可增强果树群体的抗逆性（如防风、抗旱等）。如带距过宽，可能减少单位面积内的栽植株数。

第五，等高栽植。适用于坡地和修筑有梯田或撩壕的果园，实际是长方形栽植在坡地果园中的应用。在计算株数时除照上式计算之外，还要注意"插入行"与"断行"的变化。

$$栽植株数＝栽植面积／（株距×行距）$$

③矮密栽培 所谓矮密栽培，就是利用核桃矮化树种和品种以及矮化技术，使树体矮小紧凑，合理地增加单位面积的种植密度，以达到早实、丰产、优质、低耗、高效的目的。矮密栽培是世界经济林发展的趋势，近年来发展速度尤其迅速。其优点：一是早收益、早丰产；二是产量高、质量好；三是可充分利用土地和光能；四是便于树体管理和采收；五是更新品种容易，恢复产量快。但矮密栽培对环境条件和栽培技术要求较高，适用于土壤肥沃、理化性质良好、有灌溉条件的地方建园。

矮密栽培分为计划性密植和矮化性密植2种。计划性密植，也称变化性密植，即初植时在普通栽培密度的基础上，在株间和行间加密，增加1～3倍数量的临时植株，并采取措施，加强管理，使其尽早收益，在树冠互相交接前分年度间移临时植株，逐步达到永久密度。如早实核桃，为了提高早期产量，初植密度可加大到3米×4米，以后逐渐隔行隔株间移成6米×8米；矮化密植，是指采用早实品种或矮化技术培养小冠树形，从而达到密植的目的。矮化性密植的密度因树种、品种、立地条件及树形而有很大差异，从每公顷几百株到数千株不等。树形主要有小冠疏层形、纺锤形、圆柱形等。

（5）栽植密度 核桃的栽培方式应根据立地条件、栽植品种和管理水平来确定。目前，我国的核桃栽培方式基本上有两种：一种是以果粮间作形式为主的大分散、小集中的分散栽植。另一种是生产园式的集中栽植。分散栽植可因地制宜，适地适树，粗放管理，集中栽植则统一规划，集中强化管理。栽植密度以能够获得高产、稳产、优质，且便于管理为原则。一般土层深厚、土质良好、肥力较高的地区，发展晚实型核桃时，株行距应大些，可选6米×8米或8米×9米的密度；土层较薄、土质较差、肥力较低的山地，株行距应小些，可选5米×6米或6米×7米的密度。对栽植于耕地田埂、坝堰，以种植农作物为主，实行果粮间作的，株行距应加大至7米×14米或7米×21米。山地栽植则以梯田宽度为准，一般一个台面1行，台面大于10米时，可栽2行，株距一般5米×8米。早实核桃因结果早、树体较小，可采用3米×5米～5米×6米的密植形式，也可采用3米×3米或4米×4米的计划密植形式，当树冠郁闭光照不良时，可有计划地间移成6米×6米或8米×8米。密植栽培需加强综合管理措施。

（6）**栽植时期** 核桃栽植时期分春栽和秋栽两种。北方春旱地区，核桃根系伤口愈合较慢，发根较晚，以秋栽较好。秋栽树萌芽早，生长健壮，但应注意幼树冬季防寒。秋栽时期从果树落叶后到土壤结冻以前（即10～11月份）均可。冬季气温较低、保墒良好、冻土层很深，而且冬季多风的地区，为防止抽条和冻害，宜于春栽。生产中应注意春栽宜早不宜迟，否则会因墒情不良影响缓苗。栽后应视墒情适当灌水。秋末或冬初栽植的核桃树，越冬前应在树干基部封大于30厘米高的土堆，起到保墒防寒作用，春季萌芽前扒开土堆浇水，保活促长。

（7）**授粉品种搭配** 由于核桃具有雌雄异熟、风媒传粉、有效传粉距离短及品种间坐果率差异较大等特点，建园时最好选用2～3个能够互相提供授粉机会的核桃品种，以保证良好的授粉条件。主栽品种与授粉品种的比例为5～8∶1，为方便管理应隔行配置。要求授粉品种雄花花期与主栽品种雌花花期一致，授粉品种的花粉量大，花粉发芽率高，与主栽品种授粉亲和力强，而且能与主栽品种相互授粉（图4-6，表4-1）。

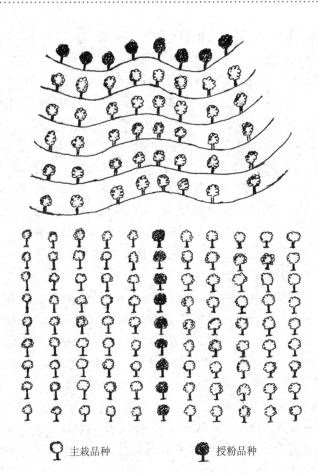

主栽品种　　　　　　　　授粉品种

图 4-6　授粉树配置

表 4-1　核桃主栽品种与授粉品种配置

主栽品种	授粉品种
豫丰、中嵩1号、薄壳香，晋丰，辽宁7号，辽宁10号，新早丰，温185，薄丰，西洛1号，西洛3号	温185，扎343，京试6号，香玲
京试6号，鲁果7号，中林5号，中林6号，扎343	晋丰，薄壳香，薄丰，晋薄2号
晋龙1号，晋龙2号，晋薄2号，西扶1号，香玲，西林3号	京试6号，阿扎343，鲁光，中林5号

（8）**栽植方法及注意事项**　栽植前将苗木的伤根及烂根剪除，然后放在水中浸泡半天，或用泥浆蘸根，使根系吸足水分，以利成活。在挖好的坑中部打窝，窝的大小视栽植苗而定。定植时扶正苗、舒展根系，分层填土踏实，使根系分布均匀，培土到与地面相平，全面踏实后，打出树盘，充分浇水，待水渗下后用细土封盖，培土面应高出地平面约 20 厘米。

栽植深度应以苗木土痕处和地面相平为好。有些地方在栽植时由于坑太大、浇水太多，苗木下陷很深，苗木栽后只露少部分"头"，这样的栽法，由于根系埋得太深，土壤温度低、氧气少，严重的会将苗子闷死。2008 年河南洛阳益林农业有限公司在河南省宜阳县盐镇流转土地 40 余公顷，采用机械挖栽植坑，挖坑后直接栽植苗木，浇水后下陷，多数苗木下陷深度超过 60 厘米，植株生长不良，长势弱，较相邻农户栽植的核桃树结果晚、产量低。

（9）**苗木栽植后的管理**

①定植后浇透水。核桃苗第一遍水要浇透，使整个树坑全部渗透水，避免坑底有干土。待水完全渗透后及时在树坑内覆盖一层干土，以减缓水分蒸发。

②浇透水后用 80～100 厘米见方的黑色地膜将树盘覆盖，防止水分蒸发，提高地温促进生根，同时防止水分蒸发和灭生树盘杂草。

③定植后及时定干。栽植后大苗要在距离地面 80～90 厘米处定干，小苗在芽饱满处定干，不够定干高度的小苗留 1～2 个饱满芽处剪干。秋末冬初栽植的幼苗可以推迟到春季发芽前定干，避免冬季剪口失水干枯。

④定干后要用调和漆封住修剪伤口，防止伤口失水。树干用生石灰膏涂白，或掺入动物油的涂白剂涂抹树干，可保护树干免遭鼠、兽啃食树皮。

⑤核桃苗发芽时要注意保护新芽，防止食叶害虫危害幼叶。

⑥及时除萌。核桃苗发芽后，应及时将嫁接口以下的萌蘖抹掉，定好干的苗整形带以下的萌芽也应该抹掉或摘心。除萌早的，

不用摘心，除萌晚的留 2～3 个叶片摘心。定植当年应尽量增加枝叶量以利于地上部和根系的发育。除萌早的树苗，可以使自身积累的营养用于剩余芽苗的生长，有利于新梢长得更好。

⑦及时补浇第二次水。定植后根系受伤严重，树苗自身储存水分不足，因此春栽的幼苗应在定植 15～20 天后补浇第二次水。若已覆盖地膜或埋土堆，可推迟至 30 天左右浇第二次水。生产中应根据苗情补水，以保证苗木成活和正常生长。

⑧待新梢长至 15～20 厘米时，结合浇第三次水进行追肥，之后每隔 15～20 天追肥 1 次，每次每株追施尿素 50 克，连续追肥 3 次，若发现叶片有被虫子食害的痕迹，应及时喷洒 5% 吡虫啉可湿性粉剂 2 000 倍液，或 2% 阿维菌素乳油 2 000 倍液防治。结合喷药每隔 7～10 天喷 1 次 0.2%～0.3% 尿素溶液。

核桃苗栽植后加强管理对生长和结果十分有利，栽植后肥水管理良好的核桃幼苗发育枝年生长量大于 1 米，而缺乏肥水的核桃树发育枝年生长量不足 50 厘米。管理良好的核桃树栽后第一年垂直根深达到 1 米以上，侧根达到 1.5 米左右，3～4 年树冠基本形成，进入结果期。据调查，河南省偃师市顾县镇王钢剑栽植的辽核 1 号品种，栽植后严格按要求管理，第一年发育枝达 1.3 米以上，平均地径 2.8 厘米，第四年地径达 7.8 厘米，冠径 4.5 米，平均株产鲜果 18.9 千克。

二、实生苗建园

核桃实生苗建园，是在选定的园址上，经过规划、整地、挖穴或肥培树穴，先栽植核桃实生苗，成活后再嫁接成核桃园。实生苗建园适合经济条件差、荒山荒坡和寒冷地区应用。前些年，由于嫁接良种核桃苗价格比较高，一些贫困山区大面积栽植实生核桃苗，既省去了购买嫁接核桃苗的资金，缩短了核桃育苗时间，又提高了核桃栽植成活率，加快了核桃产业的发展速度。具体做法：秋季在规划的核桃园定植点栽植核桃实生苗，栽植后浇透水，培 30 厘米高的土堆越冬。翌年春季将土堆扒开，定干、浇水保活，6 月份新梢生长量达 50～60 厘米时进行芽接。也可在实生苗生长 2～3 年后进行枝接换头。这种建园方式节约建园成本，但成园较慢，增加了管理程序和用工。河南省嵩县林业局在阎庄、大坪等乡镇采用此种方法建园，推动了全县核桃规模化发展，解决了嫁接核桃良种苗不足，节省了大量购苗资金。

三、坐地苗建园

坐地苗建园又叫直播建园。在整理好的栽植坑内直接播种核桃种子，先培育出核桃实生苗，然后再嫁接成优良核桃品种树。这种建园方式可以省去育苗环节，而且核桃树主根发达、根系发育好。适用于经济条件差、干旱缺水地区和造林困难的地块。直播地的条件一般比较差，播种前核桃种子一定要催芽，播种时浇透底水，保证出苗整齐和生长旺盛。直播的核桃种子易遭鼠兽盗食，幼苗容易受金龟子等害虫危害，加上生长的比较分散，嫁接、管理难度大。

坐地苗建园要注意以下几个环节：①坐地苗建园应提早前 1 年整地、挖坑、培肥，并注意选择鼠兽害轻的地方建园，或采取防鼠兽的措施。②播种时间以春季最好，秋季播种管理时间长，特别易遭鼠兽盗食种子，造成缺苗。秋季播种最好是带绿皮播种，可趁秋末降雨播种，以减少浇水环节。③播种方法是在提前整好的树坑内挖 10～12 厘米深的浅坑，先浇 1 碗水，待水渗下后每坑播 2～3 粒催过芽的种子。注意种子要分散摆开，以利于间苗或移苗补栽。秋季播种视墒情，墒情好时可不浇底水，每穴播 3～4 粒。播种后覆土与地面平，之后覆盖地膜，种子萌发出土时撕破地膜。④幼苗出土后要及时松土、除草和防治病虫害，尤其要注意防治金龟子、地老虎等地下害虫，以免危害刚出土的幼苗，造成直播失败。同时，还要防止人、畜践踏和耕种伤苗。缺苗多的可以移栽补植或另建新园。进入雨季要趁墒追肥 1～2 次，每次每穴施尿素 0.15 千克。苗高 50～60 厘米时，可在 20～30 厘米高处进行嫁接；如果当年苗木不能嫁接，可在翌年嫁接；土壤立地条件差的地方，也可在苗木生长 2～4 年后在分枝上多头高接。新疆农科院园艺所在阿克苏地区用核桃坐地苗嫁接建园，省去核桃移栽环节，简便、节省投资、见效快，建园费用较嫁接苗造林建园减少 400～500 元 / 667 米²，并且减少了管理环节和管理费用。开展核桃坐地苗山地建园，提高了核桃造林成功率和造林质量，农民积极性高。

四、大树改接建园

对现有的不结果大核桃树可以通过高接换头，直接改造成优良品种核桃园，提高经济效益。前些年，嫁接核桃良种苗稀缺，一些农户购买的核桃苗品种不对路，或退耕还林栽植的实生核桃树，结果少，品质差，经济效益低。可选择坡度比较缓和、植被好、土层深厚的阳坡或半阳坡上的核桃园，按确定的株行距定点选树，应选择生长健壮、无病虫害、便于嫁接的树。根据土壤立地条件和改接品种特性确定密度。将其余的核桃树和灌杂木砍除，清除杂草。土层深厚、肥沃的可留密点，土层瘠薄的可留稀点；嫁接早实品种可留密点，晚实品种可留稀点。一般掌握在行距 4 米左右，株距 3 米左右。

改接核桃树可用插皮舌接法和腹接法。树干直径在 10 厘米以上、树形较好的可在分枝处多头高接。一般在春季萌芽时，将选留的核桃树距地面 60～80 厘米处锯断，削平锯口，在其上进行插皮接，树干较粗时多插几个接穗，接穗应封蜡，也可在春季对选留的核桃树在分枝处或树干 50 厘米处锯断，削平锯口，待 6 月份发出嫩枝后进行芽接。

改接后的核桃树修筑树盘，深翻树盘内土壤，拣出石块、草根，以后逐年"放树窝子"，结合施肥扩大树盘。核桃树改接后会从接口以下长出许多萌蘖，接穗成活后应及早抹除萌芽，以集中养分促进接穗生长。嫁接失败未成活的，在砧木树桩上留2个生长健壮的萌条，在6月份继续芽接。嫁接成活后，接穗萌芽长至30厘米以上时应绑立柱，把新梢绑在立柱上防止风折或人、畜碰伤。改接后应注意刨树盘松土除草、追施化肥和防治病虫害，促进核桃树生长。河南省偃师市邙岭镇古路沟村2006年退耕还林栽植30多公顷核桃树，品种混杂，生长紊乱，无经济收益。2010年村委会从洛阳农林科学院核桃资源圃采集香玲、薄丰、绿波等核桃良种接穗，统一高接换冠，2012年恢复树冠，2013年进入结果期，2015年进入丰产期。

第五章

核桃园土肥水管理

核桃树适生范围广，喜土层深厚、质地疏松的土壤。加强土、肥、水管理，是最根本、最重要的技术措施。特别是在干旱、土层深厚的北方黄土丘陵山地，缺水、缺肥，易造成树体生长量小，过早衰老，导致产量低而不稳，经济效益低下。

一、土壤管理

土壤是核桃树生长的基础，是容纳肥水的载体。土壤条件的好坏，对核桃生长、结果有很大的影响。良好的土壤结构增强保肥蓄水性强，有利于根系生长发育，促使根深叶茂，可为优质丰产奠定基础。土壤管理的目的是围绕把核桃树根系集中分布层改造成适于根系生长的活土层。土壤的组成物质包括固体、水和气体3类，它们相互联系、相互制约，共同为植物生长提供必需的物质和环境。土壤的固体部分主要由矿物颗粒和有机物组成。矿物颗粒大小不同，构成了土壤不同的质地，土壤质地对土壤肥力和水分状况影响很大（表5-1）。土壤沙砾和黏粒比例适中，通气、透水性良好，又有一定的保水保肥能力，因此水、肥、气、热状况比较协调，适于植物生长。土壤有机质来源于动植物残体、微生物遗体和施入的有机肥，尽管土壤有机物含量不多，但作用很大。它是植物所需养料的重要来源，也是土壤中微生物的主要食料，具有高度的保水保肥作用，能改善土壤物理的、化学的、生物的性质。增加有机质含量是改善土壤物理状态和化学性质的有效措施，也是提高土壤肥力的重要途径。土壤水分和空气是植物生长所必需的物质，也是影响土壤肥力的重要因素。它们共存于土壤的孔隙中，相互制约，相互消长。

表 5-1 土壤质地对土壤肥力和水分状况的影响

质　地	沙　土	壤　土	黏　土
含泥量（%）	10～20	30～50	60 以上
因土施肥	宜深施半腐熟土粪	宜施塘泥	宜施沙土、灰粪
因土灌溉	不耐旱、宜浅沟灌	耐旱	不耐旱
最大持水量（%）	7～14	23～25	25～30
植物能利用水量（%）	6～11	15～20	13～15

（一）土壤深翻

核桃栽植成活后，随着树冠的扩大，根系延伸，应当深翻扩穴，加深耕层，补充肥料、改良土壤，为根系生长发育创造适宜条件。因此，核桃园土壤深翻改土是一项重要的管理工作。果园土壤深翻是改良土壤，尤其是改良深层土壤的有效措施，是果农长期生产管理中创造的宝贵经验。结合施用秸秆和有机肥，进行土壤深翻，表层活土填入下层，底层生土覆盖在上面，有利于生土变熟土，死土变活土，增加团粒结构和空气，提高保水保肥能力。果园土壤深翻，能够从多方面改善土壤环境条件，对果树根系和地上部生长都有明显的促进作用，对提高果树产量和品质有着长期稳定的效果。土壤深翻与施基肥相结合能够提高土壤孔隙度，降低土壤容重，增强土壤保肥、保水能力及通气透水性，并能增加有机质含量。深翻结合施入有机肥，还可以使土壤中微生物数量增多，活动增强，加速落叶物腐烂和分解，增加土壤中的腐殖质和可溶性营养物，提高土壤肥力，为果树根系生长创造良好条件和提供丰富的营养。同时，深翻使土层深处土壤疏松，可使根系分布层加深，有利于增加吸收根数量，增强吸收营养能力。对于土层薄或以下为岩石、硬土层的瘠薄山地，或土层下有不透水黏土层、沙土交互成层的河滩地，深翻和改造土壤效果最明显。果园土壤深翻还能够杀死部分地下害虫和病菌，尤其将果园表层土深填，可使位于表土层中的害虫、虫卵和病菌在土壤深层死亡或不能传播。

1. 深翻时期　核桃果实收获后的秋季深翻多在北方一些地区结合秋季施肥进行。秋末地上植株生长缓慢，同化产物消耗较少并已开始回流积累以备越冬。此时深翻，正值根系第二次或第三次生长高峰，伤口容易愈合，容易产生新根，能吸收合成营养物质，增加物质积累，有利于树体次年生长发育。深翻后经过漫长的秋冬，有利于土壤风化，蓄水保墒，越冬害虫的冻死。结合浇水或降雪，土壤下沉，土壤与根系接触更密切。春季深翻根系即将萌动，地上部位尚处于休眠期，伤根后容易愈合再生新根。早春深翻，可以保蓄土壤深层上升的水分，减少蒸发。深翻后及时灌水，可提高深翻效果。春季深翻宜早不宜迟，深翻时期过迟，根系损伤影响对肥水的吸收，影响新梢生长和开花坐果。夏季深翻应在根系第二次生长高峰之后进行。深翻后正值雨季到来，土壤与根系紧密结合，不至于发生吊根和失水现象，湿润的土壤有利于根系吸收水分，促进树体生长发育。据调查，每平方米根系可增加2倍多，垂直分布较未深翻的深1倍左右，新梢和枝量也有明显增加。夏季深翻不可伤根过多，否则影响对肥水的吸收，对果实生长发育不利，造成落果，或果实发育不良减产。夏季深翻根系容易愈合，雨季深翻，土壤松软，操作省工，翻后省去浇水。冬季深翻一般在入冬后进行，多结合果园基本建设进行，在严寒到来之前结束。冬季深翻可将秸秆、杂草、修剪枝等废弃物用机械粉碎后填入坑底，可起到贮水保水和增加土壤有机物的目的，同时要注意及时回填，防止晾根和冻伤根。总之，果园深翻可以一年四季进行，各个时期都能起到改善土壤物理结构和化学性质的效果。土壤深翻要根据自身的实际情况进行，依据劳力状况、树龄、灌溉条件、气候等统筹安排，灵活运用。

2. 深翻深度　深翻深度与地区、土质、砧木等有关，要尽可能将主要根系分布层翻松。核桃树枝干高大，枝叶繁茂，根系分布广而深，深翻的深度要深。黏土地透气性差，深度应加大，沙土地、河滩地宜浅。深翻的深度一般要求60～80厘米。对于山地耕层以下为半风化的酥石、沙砾、胶泥板、土石混杂，应深翻打破原来层次，深翻时拣出砂粒、石块等。对土壤特别差的，应压肥客土，改善土壤条件。因此，深翻深度要因地、因树而异，在一定限度内，深翻的范围要超过根系分布的深度和范围，有利于根系向纵深发展，扩大吸收范围，提高根系的吸收功能和抗逆性。

3. 深翻的方法

（1）**扩穴深翻**　在幼树栽植前几年，自定植穴边缘开始，每年或隔年向外扩挖，挖宽1～1.5米的环状沟，把土壤中的砂石、石块、劣土掏出，客入好土和秸秆杂草或有机肥。逐年扩大，至全园翻通翻透为止。扩穴深翻多在山区核桃园应用，不便于使用机械化操作，多人工深翻扩穴。

（2）**隔行或隔株深翻**　首先在一行深翻，留一行不翻。第二年再翻未翻的那一行。如果是梯田核桃园，可在一层梯田内每隔2株树翻一个株间，隔间再翻另一个株间。这样，每次深翻只伤半面根系，对树体根系恢复有利。隔行深翻多用微型挖掘机翻地，高效省力，但容易伤根，操作时要远离根系密集区。

（3）**全园深翻**　除树盘下的土壤不再深翻之外，一次将全园深翻，这种方法便于机械化作业，缺点是伤根多、面积大。多在树体幼小时应用。

（4）**带状深翻**　适于宽行密植或带状栽植的果园。即在果树行间或果树带与带之间自树冠外缘向外作业。适用于小型机械作业。

无论采用何种深翻方式，都应把表土与心土分开放置，回填时先填表土再填心土，便于心土熟化。如果结合深翻施入秸秆、杂草或有机肥，可将秸秆、杂草施入底层，有机肥与心土混拌覆盖上层。深翻时要注意保护根系不伤或少伤根，直径 1 厘米以上的根不可截断，并避免根系暴露时间太久或受冻害。

（二）果园耕作

1. 耕翻　核桃园除了多年进行一次深翻外，一般每年还应进行耕翻或树盘松土。耕翻过程中要避免伤及大根，影响树体生长。特别是生长季节耕翻，要与树干保持安全距离。北方地区多在秋季新梢停止生长以后进行犁翻，犁地的深度 20 厘米左右，犁后耙平，打碎土块。秋季犁地越早越好，有利于熟化土壤，保水增墒，改善土壤水分和通气状况，消灭地下害虫，铲除宿根性杂草。春季耕翻要比秋季浅，土壤化冻后进行。耕后耙平、镇压，防止水分蒸发。春季风大、少雨的地区不宜耕翻。夏季耕翻多结合除草进行，在伏天雨季杂草丛生季节进行，耕后可增加有机质，消灭杂草，提高土壤肥力。

2. 中耕　中耕可以使土壤通气良好，促进微生物活动，加速土壤内肥料分解，水溶性养分增加。同时，消除杂草，减少对养分的竞争。还可以切断土壤毛细管，减少水分蒸发。春季为了保墒，应进行早春中耕，深度约 15 厘米。夏季为了消灭杂草，保持土壤透气性，应多次浅耕，深度约 10 厘米。在不深翻的年份，秋季也应进行中耕，深度 15～20 厘米。中耕可与果树追肥相结合，尤其是无浇水条件的山地果园，雨后可将化肥撒入果园，通过中耕把肥料埋入土中，可节省用工。果园不进行间作的，在果树生长季节应经常中耕除草，这种土壤管理方式叫清耕法。其缺点是土壤有机质含量逐年减少，土壤团粒结构被破坏，肥力降低，山地果园易引起水土流失，沙地果园易加重风蚀。生产中应注意多施有机肥和种植埋压绿肥。

3. 除草剂应用　除草是果园的一项费工费时的工作，特别是近几年劳动力工资的提高，果园人工除草成本加大。应用除草剂进行化学除草，省工省时，节省资金，优势凸显。化学药剂除草的机制，一是抑制杂草分生组织正常进行，使细胞分生和生长受到阻碍，致使杂草畸形，失去生活力而死亡。二是抑制杂草的呼吸作用、光合作用的生理生化功能，如对叶绿体、淀粉、蔗糖、核糖核酸等物质合成受阻，从而破坏杂草体内的生理功能，使杂草生长发育异常死亡。三是直接破坏杂草的原生质膜，使细胞液流入细胞间隙，在光照下失水死亡。除草剂种类很多，应合理使用，避免造成核桃树药害，为了达到除草效果，又不对核桃树产生药害，应用前先做小面积除草试验，然后再普遍应用。目前常用的除草剂有草甘膦、百草枯、精喹禾灵、西玛津、莠去津、茅草枯等，生产中可根据果园杂草情况，参照产品说明书进行合理的选择和施用。

（三）核桃园间作

果园间作是果树管理的重要环节。核桃树栽植后，树体尚小，耕地空隙大，可间作农作物等，实施立体栽培，提高园地复种指数和增加前期经济收入。同时，间作可以以耕代抚，一举多得。

核桃园前期株行距空间大，合理种植间作物可以充分利用土地，提高果园前期经济收益，一般单一种植早实核桃的核桃园，种植后需4年时间才能达到收支平衡。同时，间作作物对土壤起到覆盖作用，能够减轻土壤冲刷，减少杂草危害。间作应选择生长期短、吸收肥水较少、植株低矮、生长旺盛期与核桃树错开，病虫害较少且与核桃树没有共生病虫害或中间寄主的作物。核桃园间作，国外主要是在行间种植三叶草、紫苕子或豆科绿肥，目的在于抑制草荒和增加土壤有机质；国内间作的植物种类较多，主要有豆类、薯类、瓜类、禾谷类、药用植物、蔬菜、草莓、食用菌等。豆类植物的根瘤菌有固氮作用，如黑豆、黄豆、白芸豆、绿豆、蚕豆、花生等，这些作物植株矮小，需肥水较少，是沙地核桃园的理想间作物；薯类植物植株矮小，前期生长量小，与核桃树竞争肥水较少，对地面覆盖度好，有利于固土保墒，如甘薯、马铃薯等，是山地果园理想的间作物；果粮间作以种植禾谷类为主，有利于核桃生长发育，但必须以核桃为主体；药用植物种类繁多，经济价值较高，多数耐旱耐寒，植株矮小，是各类果园的理想间作物，常用的品种有黄芩、丹参、党参、沙参、芍药、牡丹、红花、桔梗、半夏、白术等；与蔬菜类间作需要精耕细作，肥水充足，有利于果树生长发育，但应避免种植秋季生长的蔬菜，以免肥水过大影响核桃树越冬；草莓为浅根性植物，与核桃树深根性互补，在不同土壤层吸收养分，能充分利用土壤肥力。在土壤条件好、灌溉及交通方便的核桃园种植草莓，经济效益十分显著。间作育苗也是一种效益较高的间作模式，如核桃苗、桃苗、杏苗、苹果苗等果树苗及园林绿化苗。育苗的品种要求周期不超过2～3年，以免影响核桃后期结果。

间作的方式，依作物种类不同可分为水平间作和立体间作两种。水平间作的植物种类与核桃树的生长特点相近，如间作林木、果树等，主要采取行间间种的方式，一般为隔行间种。例如，辽宁省经济林研究所的核桃与桃树间作，行距均为5米，核桃与葡萄间作，行距均为4米；山东省果树所的核桃与山楂间作等，均属水平间作。立体间作是指间种作物种类的株型均比核桃树矮小，是利用核桃树下层空间进行生产，如间作食用菌、瓜类、树苗、药用植物等矮秆作物。一般可种在核桃树的行间或树下。我国目前应用立体间作模式较多，其经济效益也较高。例如，"七五"攻关协作组新疆点，利用核桃行间培育果树苗木、西瓜、小麦、白菜等，每年每667米^{2}净产值达2800元以上。近年来，有些地方采用"三层楼式"立体间作模式，其中核桃树（乔木）为第一层，行间中央栽种花椒（灌木）为第二层，花椒行两侧间作谷、黍或豆类作物为第三层。例如，"七五"攻关协作组山东点的立体栽培模式为核桃、山楂和西瓜，3年平均每667米^{2}达1589元。云南省华宁县宁洲西冲村核桃树下间种玫瑰花，每667米^{2}产值4000元，纯利润2500元。湖北省长阳县贺家坪镇推广核桃树下间种魔芋，年增收400多万元。

核桃园间作，一定要合理安排间作物，并加强管理，避免作物与果树争夺水分、养分和阳光。在种植作物时要与果树保持一定距离，留出清耕带。管理应以果树管理为重点，加强树盘周围中耕除草和肥水管理，不可本末倒置。间作物与果树争夺肥水时，应及时补充养分和水分，确保果树健壮生长。间作物种植不可重茬，避免个别营养元素缺失或累积，影响果树正常生长。

山区核桃园施有机肥比较困难，可以通过间作绿肥弥补。绿肥种类可选择紫穗槐、沙打旺、紫花苜蓿、田菁、黑麦草、绿豆等。绿肥植物最好的刈割压青期是在植株内营养物质含量高、生物量较大的时候，一般在植株开花期。压青早产量低，养分积累少，肥效不高；压青晚，生长期过长，植物开花结果消耗营养，降低氮肥含量，而且植株老化，难于沤制分解。压青可以刈割后直接埋压在树下，也可以刈割后集中挖坑沤制，待充分腐烂后再施入树下。

（四）果园覆盖

果园地表覆盖，可以有效防止土壤水分蒸发，抑制杂草生长，缩小土壤温度变化，促进根系生长，减少落花落果。可将麦秸和玉米秸粉碎后，在树盘覆盖20厘米厚，上面压少量土块，防止大风刮跑或着火。到翌年覆盖结束后，将这些覆盖物埋入树下作有机肥料，还可增加土壤肥力。秸秆覆盖同时还解决了农村废弃物污染问题，特别是解除了每年秸秆焚烧造成的空气污染。经济条件好、管理水平高的果园，可采用地膜覆盖，还能起到提高地温、防止水分蒸发、防止杂草生长等功效。但应注意使用后一定要撤除地膜，防止污染土壤。地面覆盖是旱作条件下果园的有效保墒措施之一。例如，北京市农林科学院林果所试验表明，于3月下旬用2米×2米的地膜覆盖树干两侧的地面，可使土壤相对含水量提高0.4%～6%；于4月中旬在树冠投影范围内覆盖10厘米厚的杂草并覆土，可使土壤相对含水量提高0.2%～4.1%。

二、土壤施肥

施肥是改良土壤、促进和控制核桃树生长发育过程的有效措施。核桃树根系发达，结果消耗养分多，需肥量大。据法国和美国研究，每产100千克坚果，需从土壤中吸取氮1465克、磷187克、钾470克、钙155克、镁39克。实践证明，核桃树只有在科学施肥的前提下，才能促进根系发育、花芽分化，从而达到早产、高产、稳产、优质。随着核桃树龄的增长和对养分需求量的增加，肥料供应不足，影响树体正常生长发育，表现出结果少、落果严重、果实变小、品质差、病害严重。

核桃树虽然适应性广泛，比较耐瘠薄，但施肥可以明显增加树体生长，尤其栽植在瘠薄的山地上的核桃树，施肥是十分必要的。核桃树栽植3～4年的幼树，在栽植前施足基肥基本满足生长需要，根据树势追施化肥即可。进入结果期后，大量消耗养分，需要综合施肥。

（一）核桃的养分吸收特点

第一，核桃物候期发芽迟，吸收养分的时间也较迟，从芽萌发、新梢伸长生长到雌花开花坐果，所需的养分主要靠上一年储存在枝、干和根中的养分。因此，上年结实过多，养分消耗多，越冬储藏就少，翌年新梢生长和坐果数减少，即使施肥也难以表现出较好的效果。结果过多，大量消耗养分，导致根的发育受到抑制，7月份以后氮的吸收减少，养分制造和储藏下降。

第二，核桃为深根性树种，树体对施肥的反应较迟钝，施肥后需要较多天以后才表现出来。因此，核桃树施肥应提早进行，施肥的深度比其他果树要深一些。核桃对肥料的吸收是新梢速长期开始，以生长旺盛期的6～8月份吸收量最多。核桃树外围枝数量多、生长旺盛、叶片厚、叶深绿，表明肥水充足；反之，表明缺乏肥水。

（二）施肥技术

1. 施肥量的确定　核桃树施肥量主要根据核桃树的年养分吸收量来决定。常因树龄、结果量、土壤、气候等因素的变化而不确定。确定施肥量时要了解树体需肥特点、土壤状况、供肥状况和肥料种类等加以综合考虑。最简单确定施肥量的方法是对当地核桃园施肥种类和数量开展广泛调查，对不同核桃园的树势、产量、品质进行综合比较分析，筛选出较为合理的施肥量，并在生产实践中加以应用、调整，最后确定既能保证树势，又能获得丰产的施肥量。随着科学技术的发展，根据田间试验结果确定施肥量更科学可靠，以标准果园为试验地，开展配方施肥试验，通过调查树体营养指标和生殖生长指标，为生产提供科学合理的施肥量。根据叶片分析结果确定施肥量也是一种快捷的方法。核桃叶也能及时准确反映出树体营养水平，通过仪器分析可以得知多种营养元素的含量，以便及时补充适宜的肥料。核桃叶片营养元素含量可参考表5-2。

表5-2　核桃叶片（干重）营养元素含量

元　素	含　量	元　素	含　量
氮（N）（%）	2.5～3.2	硫（S）（毫克/千克）	170～400
磷（P）（%）	0.12～0.3	锰（Mn）（毫克/千克）	30～350
钾（K）（%）	1.2～3.0	硼（B）（毫克/千克）	35～300
镁（Mg）（%）	0.3～1.0	锌（Zn）（毫克/千克）	20～200
钙（Ca）（%）	1.25～2.5	铜（Cu）（毫克/千克）	4～20

施肥量的计算。理论施肥量的计算应先测出核桃树各部位每年从土壤中吸收各元素的量，扣除土壤中能供计的量，考虑到肥料的损失，其差值即为施肥量。计算时可用下列公式：

$$施肥量 = \frac{吸收肥料元素量 - 土壤供给量}{肥料利用率}$$

根据测土和叶面养分测定进行配方施肥比较科学，一般地区5年生以下幼树每株施有机肥50千克、化肥3千克，当年栽植施肥量可少些，以后逐年增加到标准量，化肥的氮、磷、钾比例为2:1:1；5～10年生树进入结果期，每年每株施用有机肥逐渐加大到70千克，化肥加大到4千克，化肥氮磷钾比例为2:1:1；10年生以上树进入结果盛期，每年每株施用有机肥逐渐增加到100千克，化肥增加到5千克，化肥氮磷钾比例为1.5:1:1。土壤肥沃的平地可适当减少施肥量，土地瘠薄的丘陵山地可适当增加施肥量；树势强旺，可适当减少施肥量，树势瘦弱可适当增加施肥量。施肥后要及时浇水，保证施肥效果。中国林业科学院经济林研究开发中心对核桃品种中嵩1号开展叶面养分测定诊断，开展配方施肥，满足了树体对营养元素的需求，节约了肥料，促进了果树生长结果。

2. 施肥时间

（1）**基肥** 基肥是漫长时间缓缓不断供给树体养分的肥料。西北农林科技大学研究证明，基肥可使核桃的雌、雄花期早开1～2天，枝条生长量增加，坐果率提高，坚果单果重增加，果仁丰满。实践证明，果实采后的9月中旬至10月中旬施基肥效果最好，此时施肥根系处于生长时期，断根容易愈合，并产生新根，有利于肥料吸收。此时温度高，肥料腐烂分解快，根系吸收养分，有利于花芽分化和树体越冬，对翌年开花坐果和生长都有利。基肥忌晚春施用，断根愈合慢，影响根系对水分和养分的吸收，造成新梢生长缓慢，叶片小而发黄，并容易引起落花落果。因春季土壤温度低肥料分解速度慢，也不利于养分释放而影响树体吸收。基肥多选用迟效的土杂肥、圈肥、沤制的枯枝烂叶和农作物秸秆。施肥时可参入一定量的磷肥、硫酸锌等化肥，对核桃树生长发育和开花结果效果更好。

（2）**追肥** 追肥是果树生长季节急迫需肥，及时施入速效化肥，补充基肥供应不足。追肥的时期与气候、土质、树龄、季节等有关。追肥时间常分为花前肥、果实膨大肥、硬核肥。花前肥在早春核桃树发芽后，开花前2周左右，适当追施速效性氮肥。此时正值核桃第一次根系生长期和萌芽开花所需养分竞争期，及时追肥满足核桃树既要长叶、开花结果又要根系生长急需养分的矛盾。花前追肥可明显提高坐果率，又能促进枝叶健壮生长。花前追肥多以氮肥为主，供给核桃树开花结果和幼芽生长急需的氮素供给。如果树势过旺，花前不宜追肥，否则造成生长过旺，坐果困难，影响产量。结合土施追肥，加强树体和叶面喷肥，据试验，花前和盛花期2次喷施叶面肥与摘除雄花处理提高坐果效果一样，而叶面喷肥远远低于人工去雄用工成本。果实膨大肥又叫坐果肥，施肥时间在5月底或6月初进行，主要作用是减少落果，促进幼果迅速膨大及新梢生长和花芽分化。6月初核桃幼果进入膨大期和新梢速生期，此时也是核桃的花芽分化期。追肥能满足核桃幼果膨大和新梢生长所需肥料营养，减轻落果，同时满足核桃花芽分化所需碳水化合物，增加花芽形成数量，提高花芽质量，保证翌年的坐果率和产量。果实膨大肥以施磷、钾肥为主，不可偏施氮肥，否则适得其反。硬核期追肥，群众俗称"灌油肥"。硬核期追肥是保证坚果单重和饱满度的重要措施，有利于提高果实的商品质量。此次追肥以磷、钾肥为主，主要提高光合产物，促进果实的油脂、蛋白质等营养物质积累，起到增大果个和果仁饱满的效果。油脂转化期的8月份应追施1次磷钾肥，促使转化脂肪，增加单果重量。有条件的核桃园，在果实采收后，可结合施基肥再追施三元复合肥，补充因果实生长树体营养元素消耗过多而造成的亏缺。同时，提高叶片寿命和光合作用，有利于制造和积累营养，对花芽发育、次年开花坐果和新梢生长都有明显的促进作用。

追肥是调节果树生长、开花结果的积极措施，每个果园的施肥安排应根据具体情况与生产需要灵活掌握。通常情况下，为了增强树势，提高坐果率，要注重花前追肥和采后施基肥；为了促进营养生长，可以偏重花后追肥；为了花芽形成应注重花芽分化期追肥。

结合病虫害防治，也可以叶面追肥，或单独叶面追肥。叶面追肥多用 0.3% 尿素、磷酸二氢钾、微量元素、稀土等水溶液。应用简便，效果快，尤其对缺肥严重的果园，叶面施肥是一项简单快捷的追肥方法。

（三）施肥方法

1. 放射状施肥　是 5 年生以下幼树较常用的施肥方法。具体做法是，从树冠边缘不同方位开始，向树干方向挖 4～8 条放射状的施肥沟，沟的长短视树冠的大小而定，通常沟长 1～2 米、沟宽40～50 厘米，深度依施肥种类及数量而定。不同年份的基肥沟的位置要变动错开，并随树冠的不断扩大而逐渐外移（图 5-1）。近年来此法在大树上也有应用。

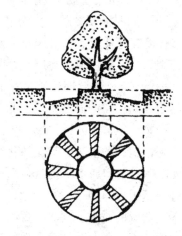

图 5-1　放射沟状法施肥

2. 环状施肥　常用于 4 年生以下的幼树，施肥方法是在树干周围，沿着树冠的外缘，挖一条深 30～40 厘米、宽 40～50 厘米的环状施肥沟，将肥料均匀施入埋好。基肥可埋深些，追肥可浅些（磷肥深些，氮肥浅些）。施肥沟的位置应随树冠的扩大逐年向外扩展（图 5-2）。此法也可用于大树施基肥。

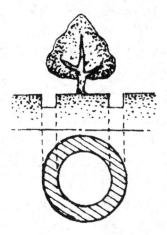

图 5-2　环状施肥

3. 穴状施肥　多用于施追肥。具体做法是，以树干为中心，从树冠半径的 1/2 处开始，挖成若干个小穴，穴的分布要均匀，将肥料施入穴中埋好即可。亦可在树冠边缘至树冠半径 1/2 处的施肥圈内，在各个方位挖成若干不规则的施肥小穴，施入肥料后封土（图 5-3）。

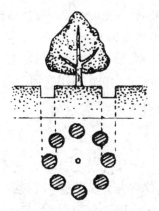

图 5-3　穴状施肥

4. 条状沟施肥　适用于幼树或成年树。具体做法是，于行间或株间，分别在树冠相对的两侧，沿树冠投影边缘挖成相对平行的两条沟，从树冠外缘向内挖，沟宽40～50厘米，长度视树冠大小而定，幼树一般为1～3米。深度视肥料数量而定。翌年的挖沟位置应换到另外相对的两侧。

5. 全园撒施　是过去大树施肥常用的方法。做法是先将肥料均匀地撒入全园。然后浅翻。此法简便易行，但缺点是施肥过浅，经常撒施会把细根引向土壤表层。上述几种土壤施肥的方法，无论采用哪一种，施肥后均应立即浇水，以增加肥效，若无灌溉条件，也应做好保水措施。

6. 叶面喷肥　叶面喷肥是一种经济有效的施肥方式，其原理是通过叶片气孔和细胞间隙使养分直接进入树体内。叶面施肥能避免土壤对养分的固定作用，具有用肥量少、见效快、利用率高、可与多种农药混合喷施等优点，对缺水少肥地区尤为实用。叶面施肥的种类和浓度为：尿素0.3%～0.5%，过磷酸钙0.5%～1%，硫酸钾0.2%～0.3%（或1%的草木灰浸出液），硼酸0.1%～0.2%，钼酸铵0.5%～1%，硫酸铜0.3%～0.5%。总的原则是生长前期应稀些，后期可浓些。叶面喷肥时期可分别在花期、新梢速长期、花芽分化期及采收后进行，特别是在花期喷硼或硼加尿素，能明显提高坐果率。喷肥宜在上午10时以前和下午3时以后进行，阴雨或大风天气不宜喷肥。注意叶面喷肥不能代替土壤施肥，二者结合才能取得良好效果。实际使用时，尤其在混用农药时，应先做小规模试验，以避免发生药害造成损失。

（四）微肥施用

当土壤中缺乏某种微量元素或土壤中的某种微量元素无法被植物吸收利用时，树体就会表现现相应缺素症，这时应及时加以补充。核桃树常见的缺素症和防治方法如下。

1. 缺锌症　俗称小叶病。表现为叶小且黄，严重缺锌时全树叶片小而卷曲，枝条顶端枯死。有的早春表现正常，夏季则部分叶片开始出现缺锌症状。防治方法为，可在叶片长到最终大小的 3/4 时喷施 0.3%～0.5% 硫酸锌溶液，隔 15～20 天再喷 1 次，共喷 2～3 次，其效果可持续几年。也可于深秋依据树体大小，将定量硫酸锌施于距树干 70～100 厘米处、深 15～20 厘米的沟内。

2. 缺硼症　主要表现为枝梢发枯，小叶叶脉间出现棕色小点，小叶易变形，幼果易脱落。防治方法，生长季节叶面喷布 0.2%～0.3% 硼砂溶液，也可于冬季结冻前，每 667 米^2 施用硼砂 1.5～3 千克，或喷布 0.1%～0.2% 硼酸溶液。应注意的是，硼过量也会出现中毒现象，其树体表现与缺硼相似，在生产中要注意区分。

3. 缺铜症　常与缺锰同时发生，主要表现为核仁萎缩叶片黄化早落，小枝表皮出现黑色斑点，严重时枝条死亡。防治方法，可在春季展叶后喷波尔多液，或距树干约 70 厘米处开 20 厘米深的沟施入硫酸铜。也可直接喷施 0.3%～0.5% 硫酸铜溶液。

三、灌溉与排水

果园的灌溉与排水管理，不仅影响当年生长结果，而且影响翌年的树体生长发育，严重时危及核桃树成活，缩短核桃树经济结果年限。水的管理是核桃树生长健壮，高产稳产，优质丰产和延长结果寿命的重要因素。

（一）浇　水

由于环境污染带来的水质变化，核桃园灌溉的水源一定要严把清洁。通常灌溉的水源有河水、雨水、井水、水库蓄水、污水等。这些水的可溶性物质、悬浮物及酸碱度不同，对果树的生长影响差异很大。地表径流水、雨雪水含有大量的有机质、硝态氮、二氧化碳、矿质元素，对果树生长十分有利；河水、水库蓄水比较清洁，水温处于常温状态，灌溉果园也十分理想；井水和地下山泉温度比较低，灌溉果园前可先贮于蓄水池中，经过一段时间增温充气后再浇灌，在晚霜冻危害严重的地区，也可以利用井水和泉水直接灌溉，降低核桃园温度，推迟物候期，避开霜冻；污水灌溉则要清楚是否含有有害的盐类，灌溉水中有害盐类不能超过 0.1%～0.15%。采用喷灌和滴灌的水不能含泥沙、藻类植物，水质硬度要小，以免堵塞喷头或滴头。

一般年降水量 600～800 毫米，且分布比较均匀的地区，基本上可以满足核桃生长发育对水分的需求。我国南方的绝大部分及长江流域的陕南陇南地区，年降水量都在 800～1000 毫米及以上，一般不需要浇水。北方地区年降水量多在 500 毫米左右，且分布不均，常出现春夏干旱，需要浇水以补充降水的不足。具体浇水时间和次数应根据当地气候、土壤及水源条件而定。一般认为，当土壤含水量降低到最大持水量的 60% 时，容易出现叶片萎蔫、果实空壳、产量下降等问题，应及时进行补水。据西北农林科技大学樊金柱等研究，核桃生长的关键需水时期是 4～6 月份。随着生长进程的推移，树体的需水程度逐渐降低，抗旱性能增强。按照核桃的生长发育规律，需水较多的几个时期如下：

1. 萌芽前后　3～4 月份，核桃开始萌动，发芽抽枝，此期物候变化快而短，几乎在 1 个月的时间里，需完成萌芽、抽枝、展叶和开花等生长发育过程，此时又正值北方地区春旱少雨时节，故应结合施肥浇水，称为萌芽水。此次应大水漫灌，完全浇透土壤。

2. 开花后和花芽分化前　5～6 月份，雌花受精后，果实迅速进入膨大期，其生长量约占全年生长量的 80%。到 6 月下旬，雌花芽也开始分化形成，这段时期需要大量的养分和水分供应，如干旱应及时浇水，以满足果实发育和花芽分化对水分的需求。尤其在硬核期（花后 6 周）前，应浇 1 次透水，以确保核仁饱满。中原地区进入初秋气温较高，土壤水分蒸发量大，降雨偏少，群众称为"秋老虎"，此时易造成果园干旱，影响果实油脂转化，造成核仁不丰满，应浇 1 次水。

3. 采收后　9 月末至 11 月初落叶前，可结合秋施基肥浇 1 次水。此次浇水不仅有利于土壤保墒，而且能促进厩肥分解，增加冬前树体养分储备，提高幼树越冬能力，也有利于翌春萌芽和开花。

此外，在有浇水条件的地方，封冻前如能再浇 1 次封冻水，则对树体更为有利。在无浇水条件的山区或缺乏水源的地区，冬季可以积雪代水，春季应及时中耕除草保墒。生产上通过扩大树穴换好土增加蓄水能力，或利用鱼鳞坑、小坝壕、梯田旱井、蓄水池等水土保持工程拦蓄雨水，以备关键时期利用。

（二）排　水

核桃树对地表积水和地下水位过高均较敏感，积水可影响土壤通透性，造成根部缺氧窒息，妨碍根系对水分和矿物质的正常吸收。如积水时间过长，叶片会萎蔫变黄，严重时根系死亡。此外，地下水位过高，会阻碍根系向下伸展，遇到风灾容易倒伏。由于我国大部分核桃产区均属山区和丘陵区，自然排水良好，只有少数低洼地区和河流下游地区常有积水和地下水位过高的情况，应注意修好行间排水沟或其他排水工程。目前，我国各地降低地下水位和排水的方法主要有如下几种：

1. 修筑台田　在低洼易积水地区，建园前修筑台田，台面宽 8～10 米，高出地面 1～1.5 米，台田之间留出深 1.2～1.5 米、高 1.5～2 米的排水沟。

2. 降低水位　在地下水位较高的核桃园中，可挖深沟降低水位。根据核桃根系的生长深度，可挖深 2 米左右的排水沟，使地下水位降到地表 1.5 米以下。

3. 排除地表积水　在低洼易积水的地区，可在核桃园的周围挖排水沟，这样既可阻止园外水流入，又便于园内地表积水的排出。也可在园中挖成若干条排水沟进行排水。

4. 机械排水　当核桃园面积不大、积水量不多时，可利用机泵进行排水。

第六章

核桃树整形修剪

　　整形是把核桃树体修整成一种较为理想的树冠形式。修剪又叫剪枝，是指在整形的基础上，继续培养和维持丰产树形的一项措施。整形与修剪是核桃栽培管理中的一项重要内容。在实际生产中，整形与修剪相互联系，并不能完全分开，整形中有修剪，修剪包含整形。为了使核桃树尽早结果，连年丰产稳产，延长经济寿命，从苗木栽植时起就应进行整形修剪，把每一棵树修整成既符合本品种生长结果特性、又适合不同栽植形式的树形。

一、修剪时期

　　核桃树冬季修剪伤流严重，大量养分和水分的流失，易造成树体剪口干枯、变弱、枯死。关于合适的修剪时期有不同的说法，有人建议在春季修剪（萌芽后至5月初）或秋季修剪（采收后至落叶前），可避免伤流，减少养分流失。但秋季修剪剪去部分枝叶，光合物质减少，养分和水分未回流而损失，对营养物质积累和树体越冬不利；春季树体储存的养分输送到各个枝条，新萌发的嫩芽需要呼吸消耗，剪除的损失大，易使树势衰弱。而休眠期修剪仅损失伤流的养分和水分，只要掌握好修剪时间，损失相对较小。根据笔者从生产实践中观察，从果树落叶后至农历"一九"之前和"五九"之后到萌芽之前，即从11月上中旬至12月下旬和2月初至4月初，是核桃树休眠期修剪的适宜时期，在这两个时间段内修剪，温度比较高，空气干燥，剪口的伤流易被风干而堵塞伤流口。此期修剪不仅对核桃生长和结果没有不良影响，而且在新梢生长量、坐果率、树体营养水平等方面均优于晚春和秋季修剪。据观察，气候干燥、温度较高、有微风的条件下，修剪伤口 1 天左右即不再出现伤流；在温度较低的条件下，伤流可持续 1～2 天。从 12 月底至翌年 2 月初这段时期，气温太低，上午 10 时之前枝条被冰冻，修剪伤口从上午 10 时至下午 3 时有伤流，下午 3 时以后气温降低，枝条开始冰冻，停止伤流。这样每天反复，持续 4～7 天，即可造成枝条抽条或枯死，影响翌年树体生长发育，严重时整株树死亡。生产中核桃树修剪应根据修剪工作量，选择合适的天气条件，落叶后修剪尽量提早，萌芽前修剪尽量推迟，目的是减少伤流损失，确保修剪安全。

二、修剪原则与依据

（一）修剪原则

1. 因树修剪，随树整形 由于核桃品种或砧木、年龄等差异，其生长结果状况也有变化。因树修剪、随树整形就是根据树体不同的生长表现，顺其形状和特点，通过人工修剪随树就势，诱导成形。生产中不能生搬硬套，按照书本机械造型。同一果园各个树体的大小、高低、长势各不相同，同类枝条之间的生长量、着生角度、芽饱满程度也各有异，这就要求应采取不同的修剪方法，因树造型、就枝修剪，恰到"火候"，以收到事半功倍的效果。

2. 统筹兼顾，长远规划 无论是栽植的幼树，还是放任生长的大树，均要事先预定长远的修剪管理计划，这关系到果树今后的生长结果和经济寿命。对于新栽植的幼树，修剪时既要考虑前期生长快，结果早，尽快进入丰产，做到生长和结果两不误，又要照顾今后的发展方向和延长经济寿命。如只顾眼前利益，片面强调早结果、早丰产，就会造成树体结构不合理，后期生长偏弱，果实质量下降，经济寿命缩短，得不偿失。同样，片面强调树形，忽视早结果、早丰产，就会推迟产出，影响经济效益。对盛果期树做到生长、结果相兼顾，避免片面强求高产，造成树体营养生长不良，形成大小年结果，缩短盛果期年限。对放任生长的核桃树做到整形、修剪、结果三者兼顾，不可片面强调整形而推迟结果，也不可强调结果而忽略整形修剪。

3. 以轻为主，轻重结合　在修剪量和程度上，要求轻剪为主，尤其是幼树和初果期树，适当轻剪长放，多留枝条，有利于扩大树冠，缓放成花，提早进入丰产期。对于各级骨干枝的延长枝，按照整形修剪的原则进行中短截，保持生长强旺势头，培养各级骨干枝和各级枝组。对于辅养枝应多留长放，开张枝角，形成大量花果，并保持树体通风透光，枝条稀密适中，分布合理。对于衰老大树和弱树，应适当重剪，恢复树势，延长结果年限。生产中修剪时要轻重结合，注意调节树体营养枝和结果枝平衡，达到树体健壮生长、果实优质丰产稳产的目的。

4. 树势均衡，主从分明　放任生长或修剪不当的核桃树大都表现上强下弱和主枝强弱不匀，应采取"抑强扶弱"的修剪方法，即控制主枝生长均衡，包括同层之间和层与层之间的均衡；主枝与中心干生长平衡；主枝、侧枝、结果枝配置、分布、长势均衡。多数果园树体出现前强后弱、内膛光秃的现象，可通过修剪控制树势平衡、树体平衡；通过疏枝、剪枝控制前后生长平衡；通过调整结果量，维护和调节果园树体生长势总体均衡；相差严重的树可通过强枝环剥调节均衡。维护树势生长均衡、树冠圆满，为丰产打好基础。

（二）修剪依据

1. 品种特性　品种不同，在生长势、萌芽力、成枝力、枝条形状、结果枝类型、成花难易、结果早晚等方面的差别很大。核桃早实品种生长势不如晚实品种，结果时间较晚实品种提早 2～4 年。自然生长条件下，其树冠较小，结果后期容易早衰。短枝结果为主的品种前期产量上升快，结果短枝寿命短，后期树体容易衰弱；中长枝结果为主的品种进入结果迟，后期产量高，生长势强。因此，不同的核桃品种类型，应采取相应的修剪技术，否则会出现相反的效果。

2. 树龄大小和长势　核桃树生命周期可分为幼树期、初结果期、盛果期、衰老期 4 个年龄段，各年龄段的生长表现不同。从幼树到初结果期，树体长势旺盛，枝条多直立生长，树姿不开张，结果少。进入盛果期，树势缓和，枝条开张，大量结果。随树龄增大，树势逐渐衰弱进入衰老期。所以，不同年龄段生长结果表现不一致，修剪方法和程度也应随之而变。在幼树期和初结果期以整形为主，迅速扩大树冠，及早结果，应轻剪长放。盛果期修剪主要是更新结果枝组，调节结果量，保持树体健壮，延长盛果期年限。衰老期主要是更新复壮，保持一定的结果数量。

3. 修剪反应

（1）**留橛短截**　留枝条基部 3～4 芽剪截，目的是刺激萌生壮枝，剪口下一般萌发 2～3 个长枝。

（2）**重短截**　剪去枝长的 2/3（一般剪后留枝长 50 厘米左右），多用于幼树整形和扩展树冠，剪口下一般萌发 4 个中长枝，萌芽率 90% 以上。

（3）**中短截**　剪去枝长的 1/2（一般剪后留枝长 80 厘米左右），用于延长枝修剪，剪口下可萌发 2～3 个长枝和一些短枝，萌芽率 45% 左右。

（4）**轻剪**　剪去枝长的 1/3（一般剪后留枝长 100 厘米左右），多用于辅养枝修剪，剪口下可萌发 1～2 个长枝和一些短枝，萌芽率 40% 左右。

（5）**缓放不剪**　多用于初结果树修剪，一般顶端萌发 1～2 个长枝和部分短枝，萌芽率不足 40%。不同的剪留长度对翌年开花结果影响很大，据调查，早实品种长枝中短截和缓放不剪的开花结果量最大，重短截的开花结果量最少，坐果率差别不明显。因此，生产中早实核桃幼树修剪应以缓放为主，配合中度短截，对扩展树体生长量、强健树势、较早进入丰产稳产期有很好的作用。

4. 立地条件　不同的立地条件对核桃树生长发育和开花结果影响很大。采取相应的整形修剪技术才能取得理想的效果。在瘠薄的山地和丘陵地栽植的核桃树，因为土壤条件差，整形应采用小型树冠，要求定干较低，层间距较小，修剪稍重，多短截，少疏剪。在土壤肥沃、地势平坦、灌溉条件良好的地块，树体生长发育快，枝多、强旺、冠大，定干可适当放高，主枝数适当多些，修剪量宜轻，多疏枝，轻短截，缓放后结果。

5. 管理条件　栽培管理水平和栽植方式与整形修剪密切相关。不注重整形修剪，栽培管理水平再高也显示不出效果；反之，一味地追求修剪，不注重栽培管理水平也是错误的。有许多果园注重修剪措施，而忽视土肥水管理，造成树体偏弱、产量低、果实质量差、经济效益低。在管理良好的基础上合理修剪，方可达到优质高产的目的。栽植形式和密度不同，整形修剪也要相应地改变。如早实密植核桃园树体矮化、冠径小，应及早控制树冠，防止郁闭，保持通风透光，同时还应加强土肥水管理。

三、整形修剪技术

（一）整形技术

整形就是根据核桃树的品种特性、树龄、树势和管理条件，通过人为的干预，有目的地培养具有一定结构和有利于生长和结果的良好树形。合理的树形应该是能最大限度地截获光能和负载最大产量的树体结构。

1. 干形　主要是指树干的高度和培养树干的方法。树干也叫主干，是指树木从根颈起到第一个主枝基部之间的部分。树干的高低对于冠高、生长与结实、栽培管理、间作等关系极大，生产中应根据核桃树的品种、生长发育特点、栽培目的、栽培条件和栽培方式等因地因树而定。

（1）**定干高度**　鉴于我国目前栽培的晚实核桃和早实核桃条件千差万别，栽培方式也不尽相同，所以定干高度也应有所区别。晚实核桃结果晚、树体高大，主干可留得高一些。由于其株行距也较大，可长期进行间作，为了便于作业，干高可留 2 米以上；如考虑到果、材兼用，提高干材的利用率，干高可达 3 米以上。早实核桃由于结果早、树体较小，干高可留得矮一些。拟进行短期间作的核桃园，干高可留 0.8～1.2 米；早期密植丰产园干高可定为 0.6～1 米。

（2）**定干方法**　由于晚实核桃与早实核桃在生长发育特性方面有所不同，其定干方法也不完全一样。一般 2 年生晚实核桃很少发生分枝，3～4 年生以后开始少量分枝，株高一般可达 2 米以上。达到定干高度时，可通过选留主枝的方法进行定干。具体做法：在春季发芽后，在定干高度的上方选留一个壮芽或健壮的枝条作第一主枝，并将该枝或萌发芽以下的枝芽全部剪除。如果幼树生长过旺，分枝时间延迟，为了控制干高，可在要求干高上方适当部位进行短截，促使剪口芽萌发，然后选留第一主枝。对于分枝力强的品系，只要栽培条件较好，也可采用短截的方法定干。栽培条件差，树势弱，采用短截法定干，容易形成开心形，故弱树定干不宜采用短截的方法。

在正常情况下，2 年生早实核桃开始分枝并开花结实，每年长高 0.6～1.2 米。可在定植当年发芽后，进行抹芽定干，即定干高度以下的侧芽全部抹除。若幼树生长未达定干高度，可到翌年进行定干。遇有顶芽坏死时，可选留靠近顶芽的健壮侧芽，使之向上生长，待达到定干高度以上时进行定干。定干时选留主枝的方法同晚实核桃。

2. 树形　核桃树同其他果树一样，需要有一个良好的树冠形状。良好的树形应该是结构均衡，充分占有空间，能最大限度地利用光能，有利于大量结果枝的形成，并具有足够的承载能力。根据树种生长发育特性和各地实践经验，核桃树形以自然开心形、变侧主干形、疏散分层形和改良分层形为好。

（1）自然开心形

①主枝的构成

主枝数：树形整理后主枝数为 3 个。生长势强的品种，栽培立地条件好时，3 个主枝的位置宜早定。

主枝发生位置：主枝发生位置高低对枝条伸长和树势影响非常大，位置低的生长势强，位置高的则生长势弱。主干的高低取决于经营方式、机械化程度、坡度、地力等情况。一般平地栽培的核桃树，主干高以 80～100 厘米为宜，主枝间距不宜太近，过近会造成"卡脖"现象。一般第一主枝与第二主枝之间相距 0.6～0.8 米（早实核桃为 0.6 米，晚实核桃为 0.8 米），第二主枝与第三主枝相距 0.4～0.6 米（早实核桃为 0.4 米，晚实核桃为 0.6 米）。

主枝方向：3 个主枝之间的夹角最佳为 120°。为了管理方便，要保证树冠在果园内均匀分布，应调整奇数行每株树的第一枝同朝一个方向，偶数行第三个主枝朝另一个方向。对于坡地栽植的核桃树，第一主枝应朝下坡方向，这样树冠较低，有利于管理和其他主枝的健壮生长。

主枝的夹角：主枝的夹角也叫主枝的成枝角度，是主枝和主干所成的角度。主枝夹角大小非常重要，随着树木的生长、结果量的增加，主枝的负担日益加重。若夹角过小，主枝常因负担过重而发生劈裂。从实践经验来看，第一主枝夹角应在 50°～60°，第二主枝夹角应在 60°左右，第三主枝夹角以 60°～70°为宜（图 6-1）。

主枝是树的主要骨架，生产中要求挺直粗壮，整形时应在修剪、诱导、疏花疏果等方面综合管理。对主枝的延长头要中短截，剪口芽的方向应从有利于诱导的方向选留。

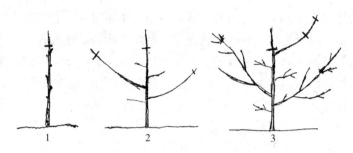

图6-1　自然开心形整形过程

1.定干　2.选留主枝　3.完成三大主枝

②侧枝的构成

侧枝的数量：整形中要注意控制侧枝的数量，以免出现重叠枝、平行枝、交叉枝，保证结果枝组发展的空间。一般每个主枝上着生2个侧枝，共计6个侧枝。如果核桃园采用稀植，每个主枝可留3～4个侧枝。

侧枝的位置：侧枝的着生位置要求侧枝能生长粗壮，但又不能妨碍主枝的生长。一般第一侧枝应着生在距离基部晚实核桃0.8米，早实核桃0.6米；第二侧枝的位置应距第一侧枝晚实核桃0.6米，早实核桃0.5米；第三侧枝着生位置距第二侧枝0.4米左右。侧枝应选择侧面或向侧下方斜生的壮枝进行培养。

侧枝的方向：侧枝伸展的方向，应选与邻接的主枝或侧枝不争空间的位置。因此，在整形时，各主枝的第一侧枝均留在同一侧，第二侧枝均留在另一侧，这样可相互错开，避免竞争，实现立体结果。

对侧枝的处理同主枝一样，要合理处理好延长头。由于侧枝生长势弱、易下垂，侧枝的预备枝要多选多留，防止发生意外，对侧枝的培养一般需5～6年才能完成。

③结果枝组的构成　主干、主枝、侧枝是核桃树的骨架，结果枝组的培养关系着结果母枝的多少，配置得是否合理关系着核桃树产量的高低。结果枝和结果母枝是否健壮，与其在主枝、侧枝上萌

发的芽位有关。上位芽萌发而成的枝条，生长过旺，容易徒长，坐果率低，并且易与主枝或侧枝竞争，削弱骨干枝的生长势；下位芽萌发而成的枝条，一般较弱，光照不足，果实品质差。因而，在培养结果枝组时，以两侧萌发的枝条为最好。结果枝组的培养以骨干枝的长势和空间位置而定，要相互错开，互不影响。

（2）变侧主干形

①主枝的构成

主枝数：全树留主枝数 4～5 个。核桃园栽植除土层深厚、肥力好、树势强以外，一般以 4 个主枝为主。

主枝发生位置与方向：主干较自然开心形高，一般成形后控制在 1.5 米左右。开始选留主枝时，不必向自然开心形那样明确，可以多预留几个，逐年选留培养，经过 5～7 年可形成整体骨架。对主枝的处理要求不重叠，不平行。第一主枝与第二主枝、第三主枝和第四主枝均呈 180°角，合理树形呈十字排列。

主枝的夹角：与自然开心形一样，为防止主枝劈裂，要选夹角大的枝作为主枝培养，或主枝间隔的角度大，应尽量挑选理想的枝条作主枝。对主枝的延长枝每年要适度短截，确保主枝的长势和伸展。

②侧枝的构成　1 个主枝上留侧枝 1～2 个，全树有 7～8 个侧枝即可。然后在侧枝上培养结果枝组和结果母枝。

③开心　最后 1 个主枝选定以后，在其上方疏除中央领导干，这样便形成了变侧主干形的整形，一般需 7～8 年完成（图 6-2）。

（3）疏散分层形

①主枝的构成

主枝数：一般由 6～7 个主枝构成，分 2～3 层配置。栽植后 1～4 年选留第一层主枝 3～4 个，5～7 年选留第二层主枝 2～3 个，8～10 年选留第三层主枝 1～2 个。

主枝发生位置：第一层主枝均匀分布，主枝间距 20～30 厘米，层内间距 60～90 厘米；第二层主枝间距 20 厘米左右，层内距

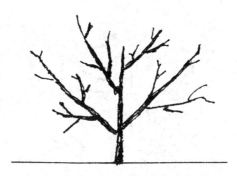

图 6-2 变侧主干形树形

40～60厘米；第三层主枝间距20厘米左右，层内距40厘米左右。第一层与第二层间距0.8～1.5米，第二层与第三层间距0.6～1.2米。

主枝方向：第一层3～4个主枝夹角最佳为90°～120°，第二层2～3个主枝应与下层主枝错开，主枝夹角最佳为120°～180°，第三层主枝避免与下层主枝重叠，均匀分布。

主枝的夹角：主枝由下向上与中心干的夹角要逐渐加大，避免树势生长上强。一般第一层主枝与中心干的夹角为50°～60°，第二层主枝与中心干的夹角为60°～70°，第三层主枝与中心干的夹角为70°～80°

②侧枝的构成 疏散分层形树体较大，侧枝的配置数量较多，第一层主枝着生3～4个侧枝，第二层主枝着生2～3个侧枝，第三层主枝着生1个侧枝，或直接着生结果枝组，一般需10年以上完成整形（图6-3）。

（4）改良分层形

①主枝数 改良分层形是由疏散分层形改变而成。主枝选留与疏散分层形第一层留枝相同，一般留3个主枝。

②主枝发生位置与方向 定干后经过2～3年选留3个分布均匀的主枝，主枝夹角呈120°角，每个主枝着生2～3个侧枝。主枝与中心干夹角为60°～70°。

③中心干结果枝组配置 主枝选留后在中心干着生6～8个较

图 6-3 疏散分层形树形

大的结果枝组，错落着生，枝间距 20～40 厘米，自下而上枝组之间距离逐渐缩小，与中心干的夹角逐渐加大。最下部结果枝组不能超过相邻主枝的 1/3，与中心干的夹角大于 70°；最上部结果枝组不超过最下部结果枝组的 1/3，与中心干的夹角为 90°～100°，其他操作同疏散分层形整形修剪（图 6-4）。

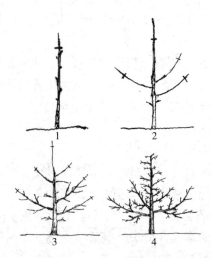

图 6-4 改良分层形整形过程

1.定干 2.选留三大主枝 3.选留上部结果枝 4.改良分层形树体结构

（二）修剪技术

核桃树修剪是在整形或维护树形的基础上，继续选留和培养结果枝和结果枝组，并及时剪除一些无用枝。修剪方法有短截、疏枝、回缩、长放、开张枝角、刻芽、摘心和剪梢、抹芽和除梢等。

1. 修剪方法　核桃树修剪时期、修剪对象等不同，所采用的方法各异，每种修剪方法所造成的修剪反应也不相同。

（1）**甩放**　也叫缓放、长放，即对枝条不修剪。缓放枝条生长量大、增粗快、萌芽多，但抽枝弱。缓放可缓和树势，多形成中、短枝，有利于形成花芽。但缓放易于使枝条下部多出现光秃，出现结果部位外移的现象。因此，结果后要及时回缩，多用于未进入结果期的幼树和辅养枝。

（2）**短截**　也叫短剪、剪截，即剪去1年生枝条的一部分。主要用于主、侧枝延长枝头的处理上。主要作用是刺激侧芽萌发，使其抽生新梢，增加分枝数量，保证树势健壮和正常结果。通常短截越重，对侧芽萌发和生长势的刺激就越强，但不利于形成结果枝。短截程度过重，或连年重剪，会削弱树势。短截轻，侧芽萌发多，但生长势弱，中下部易萌发短枝，容易形成花芽。对于幼树在注重培育良好牢固骨架的同时，要对全树轻短截，以便提早结果。

（3）**疏剪**　也叫疏枝、疏除，即将枝条从基部剪除。本着去弱留强的原则，一般疏剪一部分背上竞争枝、树冠中上部过密枝、交叉枝、徒长枝、衰弱枝、干枯枝和病虫枝，以改善通风透光条件。一般不能疏除大枝，且一次不得疏除太多，必须逐步进行。在生长特别强旺的树上，必须去强留弱，以缓和树势。疏剪按疏除枝量的多少不同，分为轻疏、中疏、重疏3种。全树疏去枝条不超过10%，为轻疏；疏去10%～20%，为中疏；疏去20%以上，为重疏。疏枝程度要根据树势、管理水平而定，幼树宜轻疏，利用其形成花芽，提早结果。结果树在不影响产量的基础上，多进行中度疏枝。衰老树，为避免树势生长较弱，应精细疏除结果枝，恢复树势。

（4）**回缩**　也叫缩剪。核桃树结果后，新梢生长势逐渐减弱，所生枝条多为短枝，有些枝条开始衰弱，树冠中下部开始出现光秃。为了改善光照，复壮树势，延长结果年限，必须对衰弱枝进行回缩，使结果枝得以更新复壮，保持树体健壮结果。回缩是在多年生枝的地方，留下1个健壮侧枝，而将顶枝剪除。回缩可以缩短大枝的长度，减少大枝上的小枝数量，使养分和水分集中供给留下的枝条，对复壮树势、提高坐果率和果实质量十分有利。回缩的同时要加强果园肥水管理，促进枝条健壮生长和结果枝形成。对一些衰老的主枝，应该进行重回缩，促发锯口以下萌生壮枝，重新形成树冠，这种回缩叫树冠更新。衰老树的更新修剪常采用重回缩方法。

（5）**开角**　即用撑、拉、压、坠等方法，使枝角向外或变向生长，以达到既控制枝条长势，又增大枝条开张角度、调整枝向、改善内膛光照的目的。

（6）**刻芽**　也叫目伤。在春季发芽前，用刀在芽的上方横切一刀，深达木质部，促使休眠芽萌发。这是因为，在芽的上方刻伤，阻碍了养分向上运输，使伤口下面的芽得到了充分的养分，有利于芽的萌发和抽枝。刻芽常用于幼树整形，在缺枝的部位进行刻芽。刻芽时涂抹河南省洛阳市林科所生产的抽枝宝2号，效果会更好。刻芽的芽体要有一定的饱满度，死芽或特别秕芽达不到抽枝的目的。

（7）**摘心和剪梢**　在枝条生长期，摘取先端的生长点，叫摘心；剪去新梢的一部分，叫剪梢。对核桃树摘心和剪梢可以促发二次枝、三次枝。核桃树幼树期枝条生长旺盛、生长量大，一般可达1.5米左右，在长至70厘米左右时，进行摘心和剪梢可萌发二次枝，减少了冬季修剪工作量，也节省了养分，有利于核桃树早成形、早结果。对于早实品种幼树进行生长季摘心或剪梢，可提早1～2年完成整形进入结果期。特别是对于密植核桃园幼树管理，采用摘心和剪梢是实现早期丰产的重要修剪措施。

（8）**抹芽和除梢**　萌芽时抹除密生或位置不当的芽，叫抹芽；萌芽长成嫩枝时掰掉，叫除梢。抹芽和除梢可以改善树冠通风透光条件，避免冬季修剪而造成过多的伤流和伤口，同时也可减少养分消耗。

2. 不同年龄时期的修剪　由于核桃不同年龄时期的生长状况不同，因而对修剪技术的要求也不相同。一般幼树修剪偏重于整形和扩大树冠；盛果期树修剪偏重于结果、培养结果枝组；衰老期修剪则注重于更新复壮。

（1）**幼树及初果期的修剪**　核桃幼树期修剪主要以培养树形和扩展树冠为目标，也称整形修剪，即根据要培养树形的树冠结构，选留和培养各级骨干枝，形成牢固的丰产树体骨架。利用顶端优势，采用高截、低留的定干整形方法。即达到定干高度要求时在定干处剪截，不足定干高度时留下顶芽，待生长达到定干高度时采用重摘心或剪梢，促使幼树多发枝，加快分枝级数，扩大枝叶面积，在5～6年内选留出各级骨干枝，为丰产打好基础。

幼树修剪方法因早实和晚实核桃类群的生长发育特点不同而异。早实核桃具有分枝力强、能抽生二次枝和徒长枝等特点，在修剪时除注意培养好主、侧枝外，还应及时控制二次枝和徒长枝，疏除过密枝，处理好背下枝。核桃幼树修剪方法有以下几种。

①主、侧延长枝　幼树各主、侧延长枝每年都要剪截，不能缓放。主枝一般剪留约80厘米长，剪留过短或留取侧枝距离主干近，侧枝生长空间不够；剪留过长，主枝后部易光秃，浪费空间。生产中实际剪截时应考虑以下3点：一是剪截应在充实饱满芽部位。二是剪截程度以剪口下能萌发2～3个长枝，并尽可能萌发中短枝，基部少量芽不萌发成潜伏芽（20厘米左右）。三是保证培养的侧枝和结果枝有合理的距离和密度，不使枝条密挤。侧枝延长枝剪留长度应较主枝稍短些，剪截程度以剪口下能萌生2个长枝为宜，一个长枝继续延长，另一个长枝培养成大结果枝组。延长枝上有二次枝时，二次枝以下够剪留长度的，可将二次枝以上部分剪去；二次

枝在下部的，在二次枝以上剪截。剪截时选好剪口芽，并利用饱满顶芽的二次枝延伸培育侧枝和结果枝组，其余二次枝剪去顶芽。各级延长枝连续延伸几年后，随结果量增加，长势减弱，剪截后抽生长枝能力减弱时，即可甩放不剪，将枝头培养成结果枝组，此时可以稳定树冠大小。因核桃树枝条髓心大，剪截后剪口易干枯，剪截时应在芽上留3厘米左右的残桩，以免影响剪口下第一芽的萌发和生长。同时，为多保留长枝，剪截延长枝时，剪口下第一芽保留外芽，第二芽为竞争枝应抹去，第三芽培养成结果枝组。核桃树条髓心大，不易掌握留橛长度，一般不搞里芽外蹬修剪。

②培养结果枝组　核桃树初结果以中短枝结果为主，尤其以强壮枝上萌生的中短枝结果稳定。由于核桃品种类型不同，晚实品种成枝力低，抽生中长枝多，成花较难，延长枝以下的长枝和有饱满顶芽的中等枝条应甩放不剪，形成结果枝或结果枝组；早实品种成枝力低，抽生的中短枝数量多，容易形成花芽结果。在空间大的地方可以重剪1年生枝，促生2～3个分枝后再甩放，缓放形成结果枝。生长强壮幼树的发育枝或徒长枝夏季摘心可抽生二次枝。二次枝抽生晚，生长旺，组织不充实，在北方冬季易发生抽条现象。因此，对二次枝的处理方法有如下几种：一是若二次枝生长过旺，对其余枝生长构成威胁时，可在其未木质化之前从基部剪除。二是凡在一个结果枝上抽生3个以上的二次枝，可选留早期的1～2个健壮枝，其余全部疏除。三是在夏季，若选留的二次枝生长过旺，可进行摘心，以促其尽早木质化，并控制其向外伸展。四是如果一个结果枝只抽生1个二次枝，且长势较强，可于春季或夏季对其实行短截，以促发分枝，并培养成结果枝组。春、夏季短截效果不同，夏季短截的分枝数量多，春季短截的发枝粗壮。短截强度以中轻度为宜。要尽量留辅养枝，利用缓放修剪增加辅养枝成花量，对多年的辅养枝应单轴延伸修剪，减少占用空间，并及时回缩，提高结果能力，延长结果年限（图6-5）。

在土壤条件和管理水平比较高的地方，树势生长强壮，生长

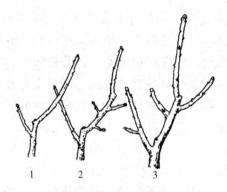

图 6-5 二次枝修剪

1. 一个结果枝抽生 3 个以上二次枝，选留 1～2 个，其余剪除
2. 夏季对选留的二次枝摘心，抽生枝条的冬季形态
3. 冬季修剪后翌年形成结果枝组的形态

季节可以连续对新生发育枝摘心，促其当年形成结果枝组。早实品种结果后易早衰，短枝结果后易枯死，要采取"先放后缩"的修剪方法，在分生枝处回缩培养成结果枝组。对萌芽力弱、长枝中下部易光秃的晚实品种，可以采取"先截后放"的方法，缓放成结果枝组。对生长旺盛的长枝或徒长枝，以不修剪或轻剪为宜。修剪越轻，总发枝量、果枝量和坐果数越多，二次枝数量减少且可大大降低冬季抽条率。据山东省农业科学院果树研究所试验，对长度在 1 米以上、直径 2～3 厘米的直立旺长枝，于发芽前进行拉枝，拉至水平角度，可使果枝量和营养枝量明显增加，而二次枝量则减少，并能提高当年坐果数。

　　早实核桃枝量大，易造成树冠内膛枝条密度过大，不利于通风透光。对此，应按照去弱留强的原则，及时疏除过密的枝条。疏枝时应贴枝条基部剪除，切不可留橛，以利伤口愈合。背下枝多着生在母枝先端背下，春季萌发早，生长旺盛，竞争力强，容易使原枝头变弱而形成"倒拉"现象，甚至造成原枝头枯死。处理的方法是，在萌芽后或枝条生长初期剪除。如果原母枝变弱或分枝角度过小，可利用背下枝或斜上枝代替原枝头，将原枝头剪除或培养成结果枝组。如果背下枝长势中等，并已形成混合芽，则可保留其结果；如生长健壮，结果后可在适当分枝处回缩，培养成小型结果枝组。晚实核桃的幼年树分枝较少，修剪的主要目的是促其分枝。增加分枝的有效方法是短截发育枝，一般短截的对象主要是从一级和二级侧枝上抽生的生长旺盛的发育枝。但短截枝的数量不宜过多，一般每株树上短截枝的数量占总枝量的1/3左右。短截枝在树冠内的分布要均匀。短截的长度可根据发育枝的长短分别进行中度（剪去枝条的1/2）和轻度（剪去1/3或1/4）短截。重短截虽能促进枝条生长，但分枝数量减少，还有刺激潜伏芽萌发的可能，故不宜采用。此外，晚实核桃的背下枝，其生长势比早实核桃更强，为保证主、侧枝原枝头的正常生长和促进其他枝条的发育，避免养分的大量消耗，在背下枝抽生的初期，就应从基部剪除。

（2）成年大树修剪　核桃成年树分为结果初期树和盛果期树，由于其生长发育和结果习性不同，修剪的重点和任务也不一样。结果初期树主要修剪任务是继续培养主、侧枝，充分利用辅养枝早期结果，积极培养结果枝组，尽量扩大结果部位。修剪时应去强留弱，或先放后缩，放缩结合，防止结果部位外移。对已影响主、侧枝的辅养枝，以缩代疏或逐渐疏除，给主、侧枝让路。对徒长枝，可采用留、疏、改相结合的方法加以处理。对早实核桃的二次枝，可用摘心和短截的方法促其形成结果枝组，但过密的二次枝则应去弱留强。同时，应注意疏除干枯枝、病虫枝、过密枝、重叠枝和细弱枝；盛果期树的树冠大都接近郁闭或已经郁闭，一方面外围枝量逐渐增多，且大部分成为结果枝；另一方面由于光照不良内膛部分小枝干枯，主枝后部出现光秃带，结果部位外移，生长与结果的矛盾突出，易出现隔年结果现象。因此，此时修剪的任务主要是调整营养生长与生殖生长的关系，不断改善树冠内的通风透光条件，不断更新结果枝，从而达到高产稳产的目的。核桃成年树应采取以下修剪方法。

①骨干枝和外围枝的修剪 对晚实核桃而言，由于腋花芽结果较少，结果部位主要在枝条先端，随着结果量的逐渐增多，特别是在丰产年份，大中型骨干枝常出现下垂现象，外围枝伸展过长，下垂得更严重。因此，此期对骨干枝和外围枝的修剪要点是，及时回缩过弱的骨干枝，回缩部位可在向斜上生长侧枝的前部。同时，按去弱留强的原则，疏除过密的外围枝，对有可利用空间的外围枝，可适当短截，从而改善树冠的通风透光条件，促进保留枝芽的健康生长。

②结果枝组的培养与更新 加强结果枝组的培养，扩大结果部位，防止结果部位外移是保证盛果期核桃园丰产稳产的重要措施，特别是晚实核桃，结果枝组的培养尤为重要。培养结果枝组的原则是大、中、小枝组配置适当，均匀地分布在各级主、侧枝上，在树冠内的总体分布是里大外小、下多上少，使内部不空、外部不密，通透良好，枝组间保持 0.6～1 米的距离。培养结果枝组的途径有：对着生在骨干枝上的大、中型辅养枝，经回缩改造成大、中型结果枝组；对树冠内的健壮发育枝，采用去直立留平斜，先放后缩的方法培养成中、小型结果枝组；对部分留用的徒长枝，应首先开张角度，控制旺长，配合夏季摘心和秋季于"盲节"处短截，促生分枝，形成结果枝组。结果枝组经多年结果后，会逐渐衰弱，应及时更新复壮。其方法是，对 2～3 年生的小型结果枝组，可视树冠内的可利用空间情况，按去弱留强的原则，疏除一些弱小或结果不良的枝条；对于中型结果枝组，可及时回缩更新，使其内部交替结果，同时控制枝组内旺枝；对大型结果枝组，应注意控制其高度和长度，以防"树上长树"，如果已属于无延长能力或下部枝条过弱的大型枝组，则应进行回缩修剪，以保证其下部中小型枝组的正常生长结果（图6-6）。

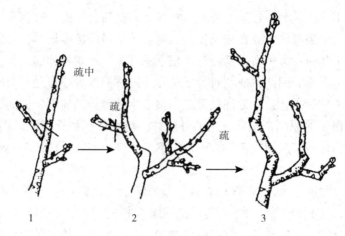

图 6-6　三叉状结果母枝修剪
1. 三叉枝　2. 结果后　3. 连续结果壮枝

③辅养枝的利用与修剪　辅养枝是指着生于骨干枝上，不属于所留分枝级次的辅助性枝条。这些枝条多数是在幼树期为加大叶面积，充分占有空间，提早结果而保留下来的，属临时性枝条。对其修剪的要点是，当与骨干枝不发生矛盾时可保留不动，如果影响主、侧枝的生长，就应及时去除或回缩。辅养枝应小且短于邻近的主侧枝，当其过旺时，应去强留弱或回缩到弱分枝处。辅养枝长势中等，分枝良好，又有可利用空间者，可剪去枝头，将其改造成结果枝组。

④徒长枝的利用与修剪　成年树随着树龄和结果量的增加，外围枝长势变弱，加之修剪和病虫危害等原因，易造成内膛骨干枝上的潜伏芽萌发，形成徒长枝，早实核桃更易发生。徒长枝处理可视树势及内膛枝条的分布情况而定。如内膛枝条较多，结果枝组生长正常，可从基部疏除徒长枝；如内膛有空间，或其附近结果枝组已衰弱，则可利用徒长枝培养成结果枝组，促成结果枝组及时更新。尤其在盛果末期，树势开始衰弱，产量下降，枯死枝增多，更应注意对徒长枝的选留与培养（图 6-7）。

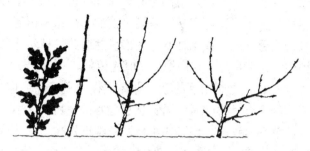

图6-7 徒长枝的利用

⑤背下枝的处理 对晚实核桃来说，背下枝强旺和"夺头"现象比较普遍。背下枝多由枝头的第二到第四个背下芽发育而成，长势很强，若不及时处理，极易造成枝头"倒拉"现象。对背下枝的处理方法是：如果长势中等，并已形成混合芽，则可保留结果；如果生长健壮，待结果后，可在适当分枝处回缩，培养成小型结果枝组；对已产生"倒拉"现象的背下枝，如原枝头开张角度较小，即可将原枝头剪除，让背下枝取而代之。对成年树上无用的背下枝要及时剪除。

此外，对早实核桃的二次枝处理方法基本上同幼树，要特别强调防止结果部位的迅速外移，对外围生长旺的二次枝应及时短截或疏除。

（3）衰老树修剪 核桃树进入衰老期的特点是，外围枝生长量明显减弱，小枝（可达5年生部位）干枯严重，外围枝条下垂，产生大量"焦梢"，同时萌发出大量徒长枝，出现自然更新现象，产量也显著下降。为了延长结果年限，对衰老树应及时进行更新复壮。更新的方法主要有：

①主干更新 也叫大更新，即将主枝全部锯掉，使其重新发枝并形成主枝。具体做法有两种：一种是对主干过高的植株，可从主干的适当部位，将树冠全部锯掉，使锯口下的潜伏芽萌发新枝，然后从新枝中选留方向合适、生长健壮的2～4个枝，培养成主枝。

另一种做法是对主干高度适宜的开心形植株，可在每个主枝的基部锯掉。如果是主干形，可先从第一层主枝的上部锯掉树冠，再从上述各主枝的基部锯断，使主枝基部的潜伏芽萌芽发枝。此种更新法在西藏核桃栽培区常见，在内地应用时应慎重。

②主枝更新　也叫中度更新。即在主枝的适当部位进行回缩，使其形成新的侧枝。具体做法是：选择健壮的主枝，保留50～100厘米长，其余部分锯掉，使其在主枝锯口附近发枝。发枝后，每个主枝上选留方位适宜的2～3个健壮的枝条，培养成一级侧枝。

③侧枝更新　也叫小更新。即将一级侧枝在适当的部位进行回缩，使其形成新的二级侧枝。其优点是新树冠形成和产量增加均较快。具体做法是：在计划保留的每个主枝上，选择2～3个位置适宜的侧枝。在每个侧枝中下部长有强旺分枝（必须是强旺枝）的前端（或上部）剪截。疏除所有的病枝、枯枝、单轴延长枝和下垂枝。对明显衰弱的侧枝或大型结果枝组应进行重回缩，促其发新枝。对枯梢枝要重剪，促其从下部或基部发枝，以代替原枝头。对更新的核桃树必须加强土、肥、水和病虫害防治等综合技术管理，以防当年发不出新枝，造成更新失败。

核桃衰老树修剪复壮技术早已被生产实践中应用。例如，河北省遵化市杨庄村的陈满礼早在1962年就开始采用了核桃修剪复壮技术，修剪前500株结果树总产量仅有2 879.5千克，修剪复壮后的1970年产量增加到12.3吨，增产达3倍之多，其中一株200年生老树，修剪复壮后，连续7年株产50～70千克。河北省农业科学院果树研究所于1972—1978年对涉县的2 000多株放任结果核桃大树进行修剪复壮试验（包括轻剪、中剪、重剪），以重剪效果为最好，产量由修剪前的年均29吨增加至71吨并总结出一套大树修剪方法。近年来，陕西、甘肃、河南等多地采用修剪复壮技术，均取得了较好的增产效果。

（4）放任树修剪　多年不加管理的放任树，其表现为树体高大，骨干枝密生，枝条下垂，枯死枝多，内膛空虚，结果部位外移，产量低而不稳。对放任树要通过修剪逐年改造。对影响光照的密集枝、重叠枝、交叉枝、并生枝和病虫危害枝要疏除。留下的大枝要分布均匀，互不影响，有利侧枝的配备。一般留3～5个大枝作主枝，自然开心形树可少留，疏散分层形树形多留。为避免因一次疏除大枝过多而影响树势，可以对一部分交叉重叠大枝进行回缩，分年疏除。大枝疏除后从整体上改善了通风透光，但局部枝条仍需调整，为尽快恢复产量，使树冠结构紧凑合理，要选留一定数量的侧枝，其余枝条采取疏除和回缩相结合的方法，使枝条布局合理，密疏合理。大枝疏除较多时，适当多留中、小枝；大枝疏除较少时，适当多疏除中、小枝。对冗长的细弱枝、下垂枝，必须进行适度回缩，抬高角度，增强长势。对外围密生枝适当疏除。根据树体结构、空间大小、枝组类型和枝组长势确定结果枝的调整。疏除过多过弱的结果枝组，保留强壮的结果枝组，提高坐果率和果实质量。经过修剪后核桃树内膛及剪口处常萌发许多徒长枝，应根据空间和位置培养成为结果枝组。可对徒长枝缓放成花，然后回缩到需要的长度，逐步培养成结果枝组。内膛结果枝组的配备数量，依据具体情况而定。一般0.6～1米的空间留1个结果枝组，做到大、中、小枝组交错排列。树龄较小、生长势强的树，尽量少留或不留背上直立枝组；衰弱的老树和弱枝，可适当多留一些背上枝组。

　　（5）小老树的修剪　　小老树形成的原因很多，如苗木质量差，须根少；栽培环境差，土壤瘠薄，放任生长，缺少管理等因素。小老树多是由于栽培基础差和不良环境条件造成的。因此，在修剪上要去弱留壮，切忌枝枝打头，尽量少去大枝，减少伤口。小老树一般根系生长较差，吸收能力弱，因此除深翻、扩穴措施外，萌芽后还应多次根外追肥，加强肥水管理，尽快恢复树势。树体恢复转旺前摘除果实，待树体恢复正常生长后再转入正常结果。

第七章

核桃花果管理与霜冻防控

一、花果管理

（一）保花保果

1. 人工辅助授粉 核桃存在雌雄异熟现象，有些品种同一株树上，雌、雄花期可相距 20 多天。花期不遇常造成授粉受精不良，严重影响坐果率和产量，分散栽种的核桃树更是如此。此外，由于受不良气象因素，如低温、降雨、大风、霜冻等的影响，雄花的散粉也会受到阻碍。在这些情况下，人工辅助授粉可显著提高坐果率。即使在正常气候条件下，人工辅助授粉也可提高坐果率 15%～30%。人工辅助授粉的方法步骤如下：

（1）采集花粉 从当地或其他地方生长健壮的成年树上采集将要散粉（花序由绿变黄）或刚刚散粉的雄花序，放在干燥的室内或无阳光直射的地方晾干，在 20℃～25℃条件下，经 1～2 天即可散粉，然后将花粉收集在指形管或小青霉素瓶中、盖严，置于 2℃～5℃的低温条件下备用。核桃花粉生活力在常温下可保持 5 天左右，在 3℃的恒温箱中可保持 20 天以上。注意瓶装花粉应适当通气，以防发霉。为了适应大面积授粉的需要，可将原粉加以稀释，一般按 1∶10 加入淀粉即可，稀释后的花粉同样可以收到良好的授粉效果。

（2）**选择授粉适期**　当雌花柱头开裂并呈倒"八"字形，柱头羽状突起分泌大量黏液并具有一定光泽时，为雌花接受花粉的最佳时期。此时一般正值雌花盛期，一般时间为2～3天。雄先型植株只有1～2天。因此，要抓紧时间授粉，以免错过最适授粉期。有时因天气状况不良，同一株树上雌花期早晚可相差7～15天。为提高坐果率，有条件的地方可进行第二次授粉。实践证明，在雌花开花不整齐时，两次授粉比一次授粉坐果率可提高8%左右。

（3）**授粉方法**　对树体较矮小的早实核桃幼树，可用授粉器授粉，也可用"医用喉头喷粉器"代替，将花粉装入喷粉器的玻璃瓶中，在树冠中上部喷布即可，注意喷头要高于柱头30厘米以上。此法授粉速度快，但花粉用量大。也可用新毛笔蘸少量花粉，轻轻点弹在柱头上，注意不要直接往柱头上抹，以免授粉过量或损坏柱头，导致落花。对成年树或高大的晚实核桃树可采用花粉袋抖授法。具体做法是：将花粉装入2～4层纱布袋中，封严袋口，拴在竹竿上，然后在树冠上方迎风面轻轻抖撒。也可将立即散粉的雄花序采下，每4～5个为一束，挂在树冠上部，任其自由散粉，效果也很好，还可免去采集花粉的麻烦。此外，还可将花粉配成悬浮液（花粉与水之比为1∶5 000）喷洒树冠，有条件时可在水中加1%蔗糖和0.2%的硼酸，可促进花粉发芽和受精。此法既节省花粉，又可结合叶面喷肥同时进行，适于山区或水源缺乏的地区。

2. 花期喷肥　在核桃雌花盛开期喷布0.2%硼酸+0.3%尿素+0.3%磷酸二氢钾混合液，或喷布0.3%蔗糖、0.5%尿素、0.5%磷酸二氢钾、0.5%硼砂溶液，可显著提高坐果率。

（二）疏花疏果

1. 疏除雄花　疏雄时期原则上以早疏为宜，一般以雄花芽未萌动前的20天内进行为好，雄花芽伸长期则疏雄效果不明显。疏雄量以90%～95%为宜，使雌花序与雄花数之比达1∶30～60，但对栽植分散和雄花芽较少的树可适当少疏或不疏。疏雄方法是，用长 1～1.5 米带钩木杆，拉下枝条，人工掰除即可。也可结合修剪进行。疏雄对核桃树的增产效果十分明显。据山西省林业科学研究所（1984）在蒲县的核桃丰产栽培试验中证明，核桃树去雄可使产量年均增长 47.5%。山西省自 1985 年起在全省 7 个地（市）、27 个县推广去雄技术，3 年中合计去雄 191.62 万株，核桃增产约 327.67 万千克，纯收入增加 355.37 万元。另据河北农业大学（1986）报道，疏雄可提高坐果率 15%～22%，增加产量 12.8%～37.5%。

2. 疏除幼果　早实核桃以侧花芽结实为主，雌花量较大，到盛果期后，为保证树体营养生长和生殖生长的相对平衡，保持高产稳产水平，应疏除过多的幼果。疏果的时间可在生理落果期以后，一般在雌花受精后的 20～30 天，当子房发育到 1～1.5 厘米时进行疏果。幼果疏除量应依树势状况及栽培条件而定，一般以每平方米树冠投影面积保留 60～100 个果实为宜。疏除方法是，先疏除弱树或细弱枝上的幼果，有必要的话，最好连同弱枝一同剪掉。每个花序有 3 个以上幼果时，视结果枝的强弱保留 2～3 个。注意坐果部位在树冠内要分布均匀，郁密的内膛可多疏。应注意的是，疏果仅限于坐果率高的早实核桃品种，尤其是因树弱而挂果多的树。

（三）其他技术

研究证明，采取施用植物生长调节剂和稀土及环剥等技术措施均能在一定程度上提高核桃坐果率。例如，据王立新（1990）报道，对 40 年生山地结果核桃大树喷施 2 次 5～7 毫克／千克吲哚乙酸溶液，坐果率可比对照树提高 22.7%。朱丽华等（1993）研究表明，对 8 年生晚实核桃嫁接树喷施 1 000～2 000 毫克／千克多效唑溶液，单株产量比对照株提高 10%～64.9%，持效期至少为 2 年。那洪宾等（1990）研究稀土对 5 年生核桃的影响研究结果表明，在雌花初期喷施 300～800 毫克／千克 NL-1 号稀土溶液，比对照增产 48.6%～66.5%。此外，河北省昌黎果树研究所李守玉等（1984）

报道，于 5 月中下旬对 21 年生核桃壮树上生长旺而结果少的基部秃裸辅养枝进行环剥，其宽度不超过 0.6 厘米，可缓和树势，提高坐果率并促使剥口下萌发新枝。

二、霜冻防控

我国北方核桃产区晚霜危害成为生产中的突出问题，核桃产区霜冻的频次越来越高，造成严重减产或绝收。陕西省宜君县 1971—2010 年 40 年间有 16 年发生晚霜危害，仅 1976 年就发生晚霜危害 4 次，群众有"五年一丰二平二歉收"之说，成为该县核桃产量和效益的重要影响因素。2013 年陕西省商洛、关中、渭南等地区，山西省晋中、河北省中南部、河南省西部地区均遭受了晚霜危害，造成核桃严重减产，个别果园绝收。河南省栾川县三川、叫河、冷水等乡镇，2013 年 4 月 20～22 日、2016 年 5 月 10 日发生晚霜冻将核桃幼梢和幼果全部冻死，造成绝产。2006 年 4 月北方核桃产区遭受霜冻，大面积减产或绝收。核桃晚霜危害是常见的自然灾害，由于这种灾害的存在与发生挫伤了部分核桃产区领导和种植户的积极性，甚至个别地方的领导和群众对种植核桃失去了信心。我们应通过科学地认识和分析霜冻形成的原因，了解晚霜发生规律和核桃冻害的机制，采取正确的防止措施，把晚霜危害损失降低到最小，以致消除晚霜危害，确保核桃生产高产稳产。

（一）晚霜冻害

晚霜是指每年春季最后 1 次出现的霜，是在初春气温回暖季节里，受北方强冷空气南下影响，短期内近地面气温骤然下降至 0℃以下，空气中的水汽达到饱和而直接在物体表面或地面上所形成的白色结晶。它是一种天气现象，霜和霜冻是不同的概念。核桃的晚霜冻是指晚春气温在短时间内下降到 0℃以下，足以使核桃的幼嫩组织遭受到伤害或死亡的灾害性天气。晚霜冻的发生条件，一般是由于冷空气侵入而引起的，另外也受地形、地势和土壤性质等影响。北方核桃产区晚霜冻危害一般发生在 4 月上旬以后，正值核桃新稍形成，幼叶、雌花、雄花迅速生长期，或雌花、雄花开花期和幼果形成，此时核桃的幼嫩器官组织抵抗低温能力差，遇霜冻气象灾害天气造成冻伤或死亡。晚霜冻出现时间越迟强度越强，则危害逾重。晚霜冻害的程度取决于冷空气的强度，冷空气强度越大，霜冻危害越重；冷空气滞留时间长短影响核桃霜冻轻重，冷空气持续时间长则冻害相应严重；霜冻出现后凌晨升温的速度也影响冻害的轻重，升温过快会使植物细胞因细胞壁和细胞核恢复不同步而出现撕裂，造成二次伤害；霜冻前气温高，降温幅度大，核桃冻害重。核桃花期气温降至 -1℃时花器即受冻害，气温降到 -2℃以下，新稍和幼叶冻害。核桃品种因物候期不同而受晚霜危害影响差异比较大。物候期晚的品种易避开晚霜期，受害轻，或免遭霜害。同等条件下，雄先型品种比雌先型受害轻，实生树较嫁接树受害轻，农家品种比外引品种受害轻。洛阳农林科学院对国内外 11 个核桃品种观测研究发现，强特勒、元林、吐莱尔、清香、契可等品种雌花期较晚，能避开晚霜危害，可作为豫西地区避晚霜主栽品种。西北农林科技大学对 12 个核桃品种的物候期观察发现，维纳、吐莱尔、强特勒在渭河平原中部栽培能避晚霜危害。核桃霜冻因地形不同差异很大。同一品种高海拔山区易遭霜冻危害，低海拔的凹地、山坳和谷地易遭霜冻危害，丘陵地的坡底、沟底平台易遭霜冻危害，这些地势低洼的地方，冷空气下沉聚集，不容易流动，加重了冻害程度，而高海拔山区气候寒冷，地形复杂，晚霜期推迟，容易造成核桃晚霜危害。河南省栾川县海拔 1 200 米以上的山区核桃园几乎每年都遭受不同程度的晚霜危害，是减产或绝产的主要原因。核桃园土层深厚，肥水管理好，树体生长健壮，抗霜冻能力强，受晚霜危害轻，而且霜冻后树体生长恢复快，枝叶生长茂盛，损失小。否则树体弱，病虫害严重的植株，遭晚霜受害重，树势恢复慢，损失大。昼夜温差越大的地区遇晚霜冻害越重。

（二）晚霜发生的条件

晚霜的发生是有一定条件和遵循一定规律的。一般年份天气晴朗、无风或微风、空气湿度不大的夜晚容易产生辐射霜，或低温条件的夜晚也容易产生辐射霜。丘陵、山地、冷空气积聚谷地容易发生霜冻。冷空气易于集聚的树冠下部霜冻较重，土壤干燥而疏松容易出现霜冻，沙土地比壤土、黏土霜冻多，种植密度大和园地杂草多的霜冻重。暖冬的年份，早春气温偏高，而且持续天数较长，若遇到凌晨气温骤降容易出现晚霜冻。晚霜对核桃树造成冻害的主要因素是晚霜出现的时间及地面温差。晚霜出现的时间与晚霜发生时地面温差密切相关。霜冻时凌晨地面形成一层冷湿气层，会使核桃树嫩梢、雌花、雄花等器官受冻。

根据霜冻发生时的条件与特点不同，霜冻可分为3种类型：

1. 辐射霜冻　一般多在晴朗（无云或少云）、无风或微风、空气湿度不大的夜晚产生，主要因为地面或植物表面辐射冷却，使其温度降到致使核桃受冻害的低温而形成的霜冻。常常发生在夜晚，到日出后终止。这种霜冻可在高压控制下连续几个夜晚出现。辐射霜发生常常是局地性的，强度较弱，持续时间短（3～7个小时），危害较小，容易预防，受地形、地势、土壤性质等条件影响比较明显。多发生在川道、沟谷及山麓。

2. 平流霜冻　平流霜冻是指大规模强冷空气侵袭而形成，所经过的地区气温迅速下降，伴有大风，可使地面气温降至 -1～-6℃，多发生在迎风的沟谷、山坡、山顶以及冷空气侵袭的区域。平流霜比辐射霜的强度大、涉及范围大、持续时间长、危害严重。开始时，冷空气较强，随着冷空气过后，温度增升，霜冻强度也逐渐减弱。遇平流霜冻危害防霜措施效果较差。

3. 混合霜冻　又称平流辐射霜冻。混合霜冻是在冷空气入侵和夜间强烈辐射两个因子综合作用下产生的霜冻，生产中最为常见。多发生在春季较长的温暖天气之后，由北方而来的冷空气遇晴朗、无风或微风的夜间引起地表和植被表层强烈的辐射冷却，促成地面和植物表面的温度降至0℃以下，形成霜冻。混合霜冻常伴有大风甚至降雪，使温度降幅较大，霜冻强度大，涉及区域广，持续时间长，危害最严重，防止效果差。

晚霜对核桃危害程度和部位因霜冻种类、强度、持续时间而异。对核桃幼芽、雌花、雄花、幼果及嫩梢危害较大。在核桃萌芽后，若气温降至 −1～−2℃，花、果容易受冻；温度降至 −2～−4℃，新梢则容易受冻。辐射霜冻一般在核桃发芽至展叶期发生较多，常使低洼、沟岔、山麓的局部核桃受冻而使部分花果、幼叶受冻造成减产。平流霜冻常使迎风山坡、山顶及沟谷的核桃树的花、果受冻严重甚至绝收，部分嫩梢受冻而发黑。混合霜冻是核桃生长"致命杀手"，常使发生区花、果、新梢全部冻死而重新发新枝，部分弱树被冻死。常使核桃树因冻害而引发腐烂病和溃疡病。

（三）晚霜危害防控措施

在我国北方核桃产区，晚霜危害是造成核桃减产和绝收的重要因素。核桃萌芽、开花和幼果形成期气温回升快，昼夜温差大，常常受到西伯利亚和蒙古寒冷空气的袭击，大风伴随着降温，极易造成冻害。有些地区核桃已开花幼果形成，但晚霜尚未结束，一旦出现倒春寒，就会造成晚霜冻害。核桃幼嫩器官受冻后软塌枯死，天晴后变黑。核桃园晚霜危害的年份，应积极组织技术人员和广大农户采取科学有效的防治措施，避免霜害或将霜冻损失降到最小。

1. 霜冻灾害预防措施

（1）选育抗晚霜品种　在核桃产区，同一品种在经历晚霜冻害后，有些植株还能结果，极个别植株的结果量基本达到正常年份的水平，表现出显著的抗晚霜冻害的能力。因此，在核桃晚霜冻害发生的年份，霜冻过后应积极组织技术人员和广大农户在核桃产区进行调查，发掘抗冻能力强、综合品质良好的核桃植株。对选择的抗霜冻植株通过多年晚霜冻害观察，抗冻能力稳定，再进行嫁接扩繁，开展抗晚霜核桃品种区域试验，选育出抗晚霜的核桃优良品种。同时，开展核桃抗霜冻杂交育种，利用抗霜冻能力强的国内外优良核桃资源，通过杂交育种从后代中选育出品种优良、丰产稳产的抗霜冻核桃品种。彻底解决核桃晚霜冻害带来的生产损失。

（2）选择避晚霜核桃品种　对现有栽培的国内外核桃优良品种，通过物候期观察，选择萌芽、开花结果等物候期迟的品种，避开晚霜危害发生时期，达到核桃生产免遭晚霜冻害的目的。避晚霜品种发芽晚，落叶也比较晚，形成休眠机制较晚，在北方核桃产区容易受冰霜、雪灾及冻害的危害。因此，开展避晚霜核桃栽培要综合考虑当地气候特点，科学合理安排品种，绝不能顾此失彼。

（3）科学选择栽培地点　浅山丘陵地区地形复杂，地势差异很大，同一次晚霜冻害，则受害程度相差很大，出现有些核桃园严重减产或绝收，而有些核桃园与正常年份的产量相差无几。究其原因是核桃建园时充分利用了地形地势的优势条件，避免了霜冻。在核桃晚霜危害严重的地区核桃园应避免建在风口、谷底、洼地等冷空气沉积的地方，以减轻霜害。

（4）预防晚霜冻害的方法

①增强树体抗晚霜冻害能力　加强核桃园管理，防止树体衰弱，保证核桃新发枝和花、果的健壮生长，可提高核桃幼嫩器官的抗冻能力。做好冬季树体防寒工作，冬季树体喷涂聚乙烯醇、壳聚糖等减轻冻害。

②推迟萌动，躲避霜害　核桃园早春浇水、树体涂白等可降低核桃园土壤和树体温度，推迟物候期。

③熏烟防霜冻　根据气象部门预报，霜冻来临前在果园上风向处点燃熏烟火堆，形成3～5米的烟雾层，持续3～5小时，可有效防止霜冻发生。也可在核桃园内每30米范围设置1个熏烟火堆，霜冻来临前点火熏烟。有条件的核桃园可购买发烟袋，或使用智能型防霜冻烟雾发生器防止霜冻。

2. 霜冻灾害补救措施　霜冻灾害发生后不能消极等待，要积极组织技术人员深入农户指导抗冻救灾，采取措施挽救，减轻霜冻灾害损失。遇霜冻降雪天气，组织农户及时抖掉核桃树体上的积雪，减轻冰雪冻害。霜冻过后剪掉冻黑的枝叶，以利于枝条萌发，否则新芽萌发迟，树势弱，严重时引起树体死亡。尤其是霜冻发生萌芽成梢早期，剪除受害部分可促使下部隐芽萌生，产生雌花，对补救当年产量十分重要。要加强保花保果管理，采取人工授粉，因为霜冻使雄花冻死已尽，雌花往往因得不到受粉而早期落果，在未发生晚霜冻害的核桃园采集花粉，或在霜冻前采集贮存花粉，开展人工授粉确保坐果。同时，加强果园管理，及时浇 1 遍水，全园喷施 0.2%～0.3% 硼肥、磷酸二氢钾、尿素或糖水溶液，相隔 1 周再喷施 1 次，有利于恢复生长；树干涂刷氨基酸液肥，增强树势；追施氮磷钾复合肥，增加树体营养，防止生理落果。霜冻往往造成树体伤害，病虫害乘虚而入，所以要注重腐烂病、溃疡病、介壳虫等防治，以保证核桃树灾后正常生长。

第八章
核桃病虫害防治

核桃树病虫害种类比其他果树少，但由于多数核桃园建在山区或丘陵地区，病虫害防治难度比较大。核桃病虫害严重威胁和破坏树体的生长发育，影响产量和坚果质量。因此，病虫害的防治，是保证树体正常生长发育、开花结果、实现高效生产的重要环节。

一、主要病害及防治

（一）炭疽病

核桃炭疽病在河南、河北、陕西、山西、新疆、辽宁、云南、四川等核桃产区均有发生，一般年份果实受害率20%以上，个别年份达到90%以上。

1. 危害症状　主要危害叶片和果实，果实受害后出现褐色至黑褐色圆形或近圆形病斑，中央下陷且有小黑点，呈同心轮纹状。湿度大时，病斑呈粉红色凸起，病斑多连成片，使果实绿皮变黑腐烂，叶片病斑呈不规则状；严重时落果落叶，影响果实产量和质量，造成树体弱，或出现秋季开花结果现象。叶片发病后，遇晴天干燥，病斑干枯，不再发展；遇阴雨天病斑继续扩大，连片后成枯叶。果实发病早，易落果；发病晚，青皮部分变黑，果壳浅白色，果仁干瘪。

2. 发病规律　病菌以菌丝体和分生孢子在病果、病叶、芽鳞中越冬。翌年春季产生分生孢子，借风雨、昆虫等传播，从伤口、气孔、皮孔侵入，发病产生分生孢子又可再侵染，发病期为6～8月份。阴雨季节、湿度大、树势弱、通风透光差发病严重。品种间感病程度差异大，新疆核桃品种易感病，早实品种发病重。染病的果实不易完全脱去青皮，坚果晾干后残留的青皮变黑，严重降低坚果的商品价值。

3. 防治方法 ①清除病原。采收后清除病果、病叶、病枝和落叶，减少病原传染。②发病前喷药防治。可于惊蛰前后全树喷3～5波美度石硫合剂，或30%机油石硫合剂300～600倍液，5月下旬全树喷施1:1:200波尔多液，以后每15～20天再喷1次。③发病期防治。发病初期及时喷50%多菌灵可湿性粉剂1 000倍液，或75%百菌清可湿性粉剂600倍液，或1:1:200波尔多液，交替喷施。④增施有机肥，加强管理，增强树势，合理控制栽植密度，改善通风透光条件。⑤选用抗病品种。

（二）黑 斑 病

核桃黑斑病在我国核桃产区均有发生，以河南、河北、山西、云南、四川、陕西等核桃产区危害严重。

1. 危害症状 该病主要危害核桃幼果和叶片，也可危害嫩枝、芽和雄花序。幼果受害时开始出现小而隆起的黑褐色小斑点，后扩大成圆形或不规则形状的黑斑并下陷，周围呈水渍状，果实由外向内腐烂。叶片感病最先由叶脉出现三角形或不规则多边形小黑斑，严重时连片形成穿孔，提早落叶。叶柄、嫩枝上的病斑为长形、褐色、稍凹陷，严重时病斑扩展包围枝条近一圈，使病斑以上枝条枯死。花序受害后，花轴变黑，扭曲，枯萎早落。

2. 发病规律 病原细菌在病枝、芽苞或病果等老病斑上越冬，翌年春季借风雨传播到叶、果及嫩枝上危害，带菌花粉、昆虫等也能传播病菌。病菌由气孔、皮孔、蜜腺及各种伤口侵入。当寄主表皮潮湿、温度4℃～30℃时，能侵害叶片；5℃～27℃时能侵害果实。潜育期5～34天，一般为10～15天。核桃树在开花期和展叶期最易感病，夏季多雨发病严重。虫害严重的核桃树易发病。发病期为4～8月份，可反复侵染发病。

3. 防治方法 ①清除病原。采收后结合修剪清除病果、病叶、病枝和落叶，集中烧毁，减少病原传染。②发病前喷药防治。惊蛰前后开始全树喷3～5波美度石硫合剂，展叶及落花后分别喷洒72%硫酸链霉素可溶性粉剂3 000倍液，5月初全树喷施1∶1∶200波尔多液，以后每15～20天补喷1次。③发病初期喷施50%甲基硫菌灵可湿性粉剂500～800倍液，或75%百菌清可湿性粉剂1 000倍液，或1∶1∶200波尔多液，交替喷施。④加强害虫防治措施，减少伤口侵入途径。⑤选栽抗病品种。

（三）腐 烂 病

核桃腐烂病在河南、河北、陕西、山西、新疆、辽宁、云南、四川等核桃产区均有发生，特别是进入结果期的弱树危害严重，常造成死树。

1. 危害症状 主要危害核桃枝干，导致枯死、死树。幼树受害后，病部深达木质部，初期呈灰色梭形病斑，手指压流出褐色水液，有酒糟味。中期病部干陷，病斑散生许多小黑点，即分生孢子器。最后病部干纵裂，流出大量黑水，危害绕一周后，枝干或全株死亡。成年树因树皮厚，病斑在韧皮部腐烂，病斑呈小岛状串联，周围集结大量菌丝层，一般外表看不出明显症状。当发现皮层向外流黑水时，皮下已扩展为较大面积的溃疡面。

2. 发病规律 病菌以菌丝体和分生孢子器在枝干病部越冬。翌年春季环境适宜时产生分生孢子，借风雨、昆虫等进行传播，从伤口侵入，病斑扩展主要在4月中旬到5月下旬，有时7月份干旱发病也较严重。树势弱、土壤瘠薄、肥水不足、结果量大、冻害等发病严重。一般早实核桃发病比晚实核桃重，结果多比结果少或不结果的树发病重。

3. 防治方法 ①加强栽培管理，增施有机肥，合理灌溉，控制结果量，强壮树势，提高抗病能力。②对伤口、剪口及时涂抹 3～5 波美度石硫合剂，防止病菌入侵。③春、秋季节大枝和树干涂白或刷石硫合剂预防发病，发病后用利刀将病部纵切和横切，深达木质部，涂抹 8～10 波美度石硫合剂，或用 30% 果树清园剂（机油石硫合剂）100 倍液涂抹病部，防治效果很好。④用美国黑核桃魁核桃或核桃砧木品种高位嫁接（嫁接部位高于 80 厘米），可避免染病。

（四）溃疡病

核桃溃疡病在河南、河北、陕西、山西、安徽、江苏等核桃产区均有发生。

1. 危害症状 该病多发生在树干及主侧枝基部。在幼树或光滑的树皮上，病斑呈水渍状或为明显的水疱，破裂后流出褐色黏液，遇空气变成黑褐色，随后病斑干缩下陷，中央开裂，病部散生许多小黑点，严重时病斑相连呈梭形或长条形。当病部扩展绕枝干一周，造成整株树死亡或病枝死亡。秋季干燥气候下，病部开裂。在老树皮上，病斑呈水渍状，中心黑褐色，病部腐烂深达木质部。果实受害后呈大小不等的褐色圆斑，早落果、干缩或腐烂。

2. 发病规律 以菌丝体在病部越冬，翌年春季气温回升，雨量适中，形成分生孢子，借风雨传播，于枝干皮孔和伤口侵入，形成新病斑。病菌潜伏期长，一般 1～2 个月，发病树、枝往往是上年病菌侵入造成的。低温冻害、大风扭伤、干旱树弱均易染病，5～6月份是病害高发期。干旱、管理差、杂草丛生、树势弱、通风透光条件差、虫害多，发病严重。

3. 防治方法 ①加强管理，提高树体的抗病能力。②树干涂白或冬季防寒保护，防冻害和日灼。③刮树皮和病斑，涂抹 3～5波美度石硫合剂，或涂抹 1% 硫酸铜液，均有治疗效果。④用美国黑核桃魁核桃，或核桃砧木品种高位嫁接（嫁接部位高于 80 厘米）

可避免染病。⑤核桃园周围禁种杨柳树，可减轻发病。

（五）根 腐 病

核桃根腐病在核桃产区均有发生。主要危害苗木、幼树和生长势弱的结果树。特别是重茬地繁育苗木，易导致此病发生。

1. 危害症状　病原菌为尖胞镰刀菌和茄属镰刀菌。病菌从须根侵染，发病初期，部分须根出现棕褐色近圆形小病斑。随病情加重，病斑扩展成片，并传到主根、侧根上。侧根、主根开始腐烂，韧皮部变褐，木质部坏死。地上部分随机出现新梢枯萎下垂，叶片失水，干枯脱落，植株凋萎猝死。

2. 发病规律　该病的病菌潜伏期较长。在苗圃内染病，当时并不发病，而在定植后病症发作。一般每年5～8月份生长季节，地上部分出现病状。

3. 防治方法　①避免在重茬地上育苗、建园，以及在大树行间育苗。②用美国黑核桃魁核桃或核桃砧木品种嫁接育苗高抗该病害。③苗木栽植前，用硫酸铜100～200倍液浸根10分钟。④病树灌根。一般在4月下旬对病株刨树盘至根部，每株浇施30%甲霜·噁霉灵可湿性粉剂1 000倍液2千克，把原土回填浇水；圃地幼苗可用喷雾器喷药，重点喷布苗的根颈部位，药剂可选用1%硫酸铜溶液，或2～4波美度石硫合剂。⑤及时销毁病死株，加强果园肥水管理，提高树体抗病力。

（六）枝 枯 病

核桃枝枯病在河南、河北、陕西、山西、山东、辽宁等核桃产区均有发生。

1. 危害症状　病菌先侵害顶梢嫩枝，然后向下蔓延至大枝和主干。受害枝条的皮层颜色初期呈暗灰色，后变成浅红褐色，最后呈深灰色死亡，在枯枝上形成许多黑色小粒即分生孢子盘。受害枝条上的叶片逐渐变黄脱落。湿度大时，大量孢子从孢子盘涌出，变成黑色短柱状，随湿度增大而软化，流出黏液，形成圆形或椭圆形、黑色瘤状突起的孢子团块，内含大量的分生孢子。1～2年生枝染病从顶部向主干逐渐干枯。

2. 发病规律 病菌以菌丝体和分生孢子盘在枝条发病部位越冬。翌年环境条件适宜时，产生孢子，借风雨、昆虫等传播，从伤口侵入。病菌是一种弱寄生菌，生长衰弱的枝条发病严重，早实品种和结果多的植株发病重，放任生长树结果部位外移快，其下部结果枝易感病枯死，造成下部光秃。

3. 防治方法 ①清除病原。采收后清除病枝和落叶，集中烧毁，减少病原传染。②主干发病刮除病斑，并用1%硫酸铜或3波美度石硫合剂消毒伤口，外涂伤口保护剂。树干涂白，防冻、防旱、防虫，减少伤口，避免病菌入侵。③发病初期喷50%多菌灵可湿性粉剂1000倍液，或75%百菌清可湿性粉剂600倍液，或1∶1∶200波尔多液，交替喷施。④增施有机肥，加强管理，增强树势，合理控制栽植密度，改善通风透光。

（七）白 粉 病

核桃白粉病在核桃产区均有发生。

1. 危害症状 主要危害核桃叶、幼芽和新梢。叶片受害表面和背面出现薄片状白粉层，秋季在白粉层中生出褐色至黑色小颗粒。发病初期叶片呈黄白色斑块，严重时叶片扭曲皱缩，提早落叶。幼苗受害后，植株矮小，顶端枯死，严重时整株枯死。

2. 发病规律 病菌在脱落的病叶上越冬，7～8月份发病，从气孔多次侵染。温暖干旱，生长过旺，枝条不充实易发病，嫩梢易发病。核桃园间作秋季蔬菜，发病重。

3. 防治方法 ①清除病原。清除病叶和落叶并烧毁，减少病原传染。合理施肥与灌水，加强树体管理，提高抗病力。②发病初期喷50%甲基硫菌灵可湿性粉剂1000倍液，或25%三唑酮可湿性粉剂500倍液，或1∶1∶200波尔多液，交替喷施。

（八）褐 斑 病

核桃褐斑病在河南、河北、陕西、山西、辽宁、云南、四川等核桃产区均有发生。

1. 危害症状　主要危害核桃叶、嫩梢和果实。叶片受害病斑呈近圆形或不规则形灰褐色斑块，直径 0.3～0.7 厘米，中间灰褐色，边缘不明显而且呈黄绿色至紫色，病斑上有黑褐色小点，即分生孢子盘与分生孢子，略呈同心轮纹状排列。严重时病斑连在一起，致使叶片部分枯死。嫩梢受害病斑为长椭圆形或不规则形，稍凹陷，边缘褐色，中间有纵裂纹，后期病斑产生散生小黑点，严重时枯梢。果实受害病斑比叶片病斑小、凹陷，扩展后果实变黑腐烂。

2. 发病规律　病菌在叶片或病枝上越冬。翌年春季产生分生孢子，借风雨、昆虫等传播，从伤口、皮孔侵入枝叶和果实。5～8月份发病，阴雨季节湿度大、温度高、通风透光差发病严重。秋季病叶发病部位易焦枯，提早落叶。症状与黑斑病相似应注意区别。早实核桃品种和生长势弱的植株易染病。

3. 防治方法　①清除病原。清除病果、病叶、病枝和落叶并烧毁。②发病前全树喷施 1∶1∶200 波尔多液，或 50% 甲基硫菌灵可湿性粉剂 800 倍液。

二、主要害虫及防治

（一）举 肢 蛾

举肢蛾，俗称核桃黑。在山区和丘陵核桃园发生严重，是危害核桃果实的重要害虫。

1. 危害症状　举肢蛾幼虫在核桃青皮果内蛀食多个通道，并把粪便填充在通道内，被害处青皮变黑，危害早的造成落果；危害晚的种仁变黑，并可在果实内剥出幼虫。

2. 形态与习性　成虫为小型黑色蛾子，翅展 13～15 毫米。后足特长，蛰伏时向上举。卵圆形，长约 0.4 毫米，初产时呈乳白色，孵化前为红褐色。幼虫老熟时体长 7～9 毫米，头褐色，体淡黄色。蛹纺锤形，长 4～7 毫米，黄褐色，蛹外有褐色茧，常黏草末及细土粒。在河南、陕西等地 1 年发生 1～2 代，以老熟幼虫在树冠下 1～2 厘米深的土中越冬，翌年 5 月中旬至 6 月中旬化蛹。成虫发生期在 6 月上旬至 7 月上旬，幼虫在 6 月中旬开始危害，7 月份为危害盛期。成虫在两果之间的缝隙处产卵，每处产卵 3～4 粒，4～5 天孵化。幼虫蛀果后有汁液流出，呈水珠状。1 个果内有 5～7 条幼虫，最多时达 30 余条。幼虫在果内危害 30～45 天，老熟后从果中脱出，落地入土结茧越冬。举肢蛾的发生与环境条件有密切的关系，低海拔地区每年发生 2 代，高海拔地区每年发生 1 代；多雨年份发生重；荒坡地、管理差的果园发生重。山区果园杂草多、乱石叠加，有利于幼虫越冬和成虫产卵藏匿，防治困难。

3. 防治方法　①消灭虫源。落叶后清除树下枯枝落叶和杂草，刮树干老皮，集中烧毁；翻耕地下土壤，拣出虫子，集中灭杀。摘除和捡拾虫果，集中烧毁或深埋。②生物防治。释放松毛虫赤眼蜂，6 月份每 667 米^2 释放 30 万头赤眼蜂，可有效控制虫口密度。③药剂防治。成虫羽化前，每株树冠下撒 3% 辛硫磷颗粒剂 0.1～0.2 千克，然后浅锄。幼虫孵化期用 25% 灭幼脲 3 号胶悬剂 1 000 倍液，或 50% 敌百虫乳油 800 倍液，或 48% 毒死蜱乳油 2 000 倍液，或 1.8% 阿维菌素乳油 500 倍液喷洒防治，每隔 10 天喷 1 次，连续喷 3 次。

（二）桃蛀螟

桃蛀螟主要危害核桃的果实，造成落果、减产。主要分布于云南、山西、陕西、甘肃、四川、河南、山东、西藏等地。

1. 危害症状　桃蛀螟危害核桃时，把卵产在两果之间，或叶片贴近果实的地方，幼虫钻入核桃幼果蛀食，蛀孔口堆积颗粒状粪渣，1 个果实常有多头桃蛀螟危害，造成烂果、落果。

2. 形态与习性　成虫体长 12～14 毫米，翅展 22～25 毫米，黄色至橙黄色。卵椭圆形，长约 0.6 毫米，初产乳白色，渐变橘黄、红褐色。幼虫体长 22 毫米，体色多变，有淡褐色、浅灰色、浅灰蓝色、暗红色等，腹面多为淡绿色。茧长椭圆形，灰白色。陕西省 1 年发生 3 代，河南省 1 年发生 4 代，长江流域 1 年发生 4～5 代，均以老熟幼虫在玉米、向日葵等残株内结茧越冬。在河南省一代幼虫于 5 月下旬至 6 月下旬危害，以四代幼虫越冬，翌年 4 月初化蛹，4 月下旬进入化成蛹盛期，4 月底至 5 月下旬羽化，越冬代成虫卵产在桃树上。

3. 防治方法　①清除越冬幼虫。在每年 4 月中旬，越冬幼虫化蛹前，清除玉米、向日葵等寄主植物的残体，并刮除核桃树翘皮，集中烧毁，减少虫源。捡拾落果、摘除虫果，消灭果内幼虫。②诱杀成虫。在果园内设置黑光灯或用糖醋液诱杀成虫，可结合诱杀梨小食心虫进行。糖醋液配方：红糖 5 份、白酒 5 份、食醋 20 份、清水 80 份，按糖醋液总量的 0.22% 加入 90% 晶体敌百虫。配制方法：先将糖加入水中煮沸，再把白酒、食用醋、敌百虫混入搅拌均匀即可。③药剂防治。一、二代成虫产卵高峰期喷洒 50% 杀螟松乳油 1 000 倍液，或苏云金杆菌乳油 600 倍液，或 2.5% 氯氟氰菊酯乳油 3 000 倍液。

（三）桑白蚧

桑白蚧，俗称树虱子。分布在全国各核桃产区，以北方核桃产区受害较重。

1. 危害症状　雌成虫或若虫群集于枝条或树干上，吸食树体汁液，进入 5 月份危害最重，排出的粪便在树冠下如雾雨，易招蚜虫。受害树叶片变黄，树势变弱。严重时枝条、树干密布介壳虫，远看枝条呈灰白色。连续多年危害，被害树极度衰弱、绝产，甚至造成枝条或全树枯死。

2. 形态与习性　雌成虫橙黄色或橘红色，体长约1毫米，呈宽卵圆形。介壳虫灰白色，长2～2.5毫米，近圆形。雄成虫橙黄色或黄色，体长0.65～0.7毫米。雄介壳灰白色，长约1毫米，呈圆筒形。卵椭圆形，淡橙黄色，长约0.25毫米。若虫扁椭圆形，橙色，体长0.3毫米。北方核桃产区1年发生2代，以受精雌虫在枝条上越冬。翌年核桃萌动时，开始吸食危害，虫体迅速膨大，5月初产卵于雌蚧壳虫下，每头雌虫产卵40～400粒，卵期约15天。初孵若虫由雌壳下爬出，分散活动1～2天后，固定在枝条上危害，5～7天便开始分泌出蜡质壳。第一代雌虫6月份开始发生、产卵，第二代若虫8月份孵化，9月份第二代成虫交尾后，以受精雌成虫在枝干上越冬。

3. 防治方法　①核桃发芽前喷施5波美度石硫合剂，或3%柴油乳剂加0.1%二硝基苯酚混合液，或树干涂抹30%果树清园剂（机油石硫合剂）300倍液。②第一代若虫孵化盛期，喷0.3～0.5波美度石硫合剂，或2.5%溴氰菊酯乳油800倍液，或1.8%阿维菌素乳油500倍液。③发生严重的果园可结合修剪和刮树皮，剪除被害枝或人工刷除越冬雌成虫。④加强苗木、接穗检疫，防止桑白蚧扩大蔓延。保护红点唇瓢虫等天敌。

（四）云斑天牛

核桃云斑天牛，又叫铁炮虫。分布在河南、河北、山东、北京、陕西、四川、云南等地。

1. 危害症状　幼虫蛀食核桃树枝干，形成刻槽，截断运输通道，引起伤口流水。成虫羽化后，啃食新梢皮层及幼嫩部位。受害新梢遇风折断呈伞状下垂干枯。受害部位皮层稍开裂，从虫孔排出粪屑。危害后期皮层开裂，成虫羽化孔多在上部，呈较大的圆孔。

2. 形态与习性　成虫体长40～46毫米，体黑色或灰褐色，密被灰色绒毛，头部中央有一纵沟。卵长椭圆形，土黄色，长6～10毫米，卵壳硬、光滑。幼虫体长70～90毫米，淡黄白色，头部扁平，半截缩于胸部。蛹长 40～70 毫米，淡黄白色。该虫 2～3 年发生 1 代，以幼虫在树干内越冬，翌年 4 月中下旬开始危害枝干，幼虫老熟后在隧道的一端化蛹，蛹期 1 个月左右。在核桃雌花开放时羽化，5 月份为成虫羽化盛期。成虫在虫口附近略停留便上树取食枝皮和树叶，补充营养。成虫多夜间活动，白天喜栖息在树干及大枝上，受惊吓落地有假死性，能多次交尾。5 月份成虫开始产卵，一般在离地面 2 米以下的 10～20 厘米粗的树干上产卵，也有的在粗皮上产卵。6 月份为产卵盛期，卵期 10～15 天。初孵化幼虫在皮层内危害，20～30 天幼虫蛀入木质部，随虫龄增大危害加剧。幼虫期 12～14 个月，翌年 8 月份老熟幼虫在虫道顶端做椭圆形蛹室化蛹，9 月下旬成虫羽化，留在蛹室内越冬。第三年核桃发枝时，成虫从羽化孔爬出上树危害。

3. 防治方法　①人工捕杀。白天观察叶、枝，发现有小嫩枝被咬破且呈新鲜状，人工振落直接捕杀。成虫产卵时，发现产卵刻槽，用锤击打，或在槽中滴 2 滴 50% 敌敌畏乳油 50 倍液杀灭。幼虫蛀入树干内，以虫粪为标记，用细铁丝从虫孔插入，钩杀幼虫。②用黑光灯诱杀。利用成虫趋光性和假死性，晚上用黑光灯引诱捕杀。③药剂防治。冬季或产卵前，用石灰乳涂抹树干，防止产卵和杀死幼虫。发现虫孔，用一次性注射器注入 50% 敌敌畏乳油 30 倍液，再把虫孔堵塞，杀灭幼虫。

（五）横沟象

核桃横沟象，也叫根象甲。在河南省的西部、陕西省的商洛地区、甘肃省的陇西等地均有发生。以坡底沟洼和村旁核桃园发生较多。

1. 危害症状　幼虫进入树根颈部位，破坏树体输导组织。初始无虫粪和树液流出，留有黄豆粒大小的成虫羽化孔。受害严重时，皮层内虫道相连，充满黑褐色粪粒及木屑，被害树皮纵裂，流出黑色树液，使树势减弱或枯死。

2. 形态与习性 成虫黑色，体长 12～16 毫米，头管约占体长的 1/3，前端着生膝状触角。卵椭圆形，长 1.4～2 毫米，初产乳白色，孵化期黄褐色。幼虫长 15～20 毫米，黄白色，向腹面弯曲。蛹为裸蛹，黄白色，长 14～17 毫米。该虫在河南、陕西、四川等核桃产区 2 年发生 1 代，以幼虫和成虫在根际皮层内越冬。经越冬的老熟幼虫 4～5 月份于虫道末端化蛹，蛹期 17 天左右。初羽化的成虫不食不动，在蛹室停留 10～15 天，然后爬出羽化孔，经 34 天取食树叶、根皮，5～10 月份为产卵期。90% 的幼虫集中在表土下 5～20 厘米，在侧根距主干 140～200 厘米处危害。幼虫危害期长，每年 3～11 月份均能蛀食，12 月份至翌年 2 月份为越冬期。

3. 防治方法 ①根颈部涂石灰浆。成虫产卵前，将根颈部土壤挖开，涂抹浓石灰浆，然后封土，阻止成虫在根颈部产卵，有效期 2～3 年。②刮根颈粗皮。冬季结合翻树盘，挖开根颈泥土，刮去根颈粗皮，降低根部湿度，创造不利于卵发育的环境，或在根颈部灌入人粪尿后封土，杀虫效果好。③根颈喷药。4～6 月份挖开根颈泥土，用斧头每隔 10 厘米砍破皮层，用 90% 晶体敌百虫 300 倍液涂抹，封土毒杀幼虫和蛹。6～8 月份成虫发生期，树上喷洒 50% 杀螟松乳油 1 000 倍液。

（六）长 足 象

长足象，也叫核桃果象甲。主要分布于河南省伏牛山和陕西省秦岭山区，危害核桃果实。

1. 危害症状 成虫危害果实，果皮干枯变黑，果仁发育不全，成虫产卵于果实中，造成严重落果。也可危害幼芽和嫩枝。

2. 形态与习性 成虫体长 10 毫米，墨黑色，略有光泽，头部延长成管状。卵长椭圆形，长约 1.3 毫米，初产时为乳白色，后变为黄褐色或褐色。老熟幼虫体长约 12 毫米，乳白色。蛹体长约 13 毫米，黄褐色。该虫 1 年发生 1 代，以成虫在向阳处的杂草或表土内越冬。4 月下旬成虫上树危害，6 月份产卵、化蛹、孵化，然后羽化，危害核桃幼枝顶芽，11月份越冬。成虫有假死性。

3. 防治方法 ①人工捕捉，利用成虫假死性，在成虫盛发期于清晨或傍晚摇树振落，捕捉杀死。摘除或捡拾虫果，烧毁或深埋。②成虫出现到幼虫孵化期，用50%杀螟松乳剂1 000倍液喷施防治。

（七）小吉丁虫

小吉丁虫在各核桃产区均有发生和危害。

1. 危害症状 主要危害枝条，幼虫蛀入2～3年生枝条皮层，呈螺旋形串圈危害，受害后枝条生长变慢，严重时枯死，危害部位膨大突起。

2. 形态与习性 成虫体长4～7毫米，黑色，有光泽。卵椭圆形、扁平，长约1.1毫米，初产时乳白色，逐渐变为黑色。幼虫体长7～20毫米，扁平，乳白色。蛹为裸蛹，初乳白色，羽化时为黑色。该虫每年发生1代，幼虫在被害枝中越冬。6月上旬至7月下旬为成虫产卵期，7月下旬至8月下旬为幼虫危害盛期。成虫喜光，树冠外围枝产卵多。生长弱、枝梢稀、透光好的树受害重。成虫寿命12～35天，卵期10天。幼虫孵化后蛀入皮层危害，随虫龄增长，逐渐深入到皮层和木质部之间危害，直接破坏输导组织。

3. 防治方法 ①果实采收后，剪除受害枝，集中烧毁，减少虫源。②成虫羽化出洞前用90%晶体敌百虫200～300倍液，或50%敌敌畏乳油500～600倍液封闭树干。从5月下旬开始每15天用50%敌百虫乳油600倍液喷施1次，进行防治。

（八）黄须球小蠹

黄须球小蠹，也叫小蠹虫。在陕西、河南、河北和四川等核桃产区均有发生。

1. 危害症状 以成虫和幼虫食核桃枝梢和芽，常与核桃举肢蛾、小吉丁虫同时危害，加速枝梢和芽的枯死，严重时顶芽全部被害，造成减产甚至绝产。以生长在坡地或土层瘠薄、长势衰弱的树受害严重。同一树上，枝、芽下部受害重，树冠外缘枝、芽比内膛受害严重。

2. 形态与习性　成虫椭圆形，长 2.3～3 毫米，初羽化黄褐色，后变黑褐色。卵椭圆形，长约 0.1 毫米，初产时白色，后变黄褐色。幼虫椭圆形，体长 2.2～3 毫米，乳白色，无足。蛹为裸蛹，圆球形，羽化前黄褐色。该虫 1 年发生 1 代，以成虫在顶芽内越冬。翌年 4 月上旬开始活动，4 月下旬至 5 月上旬为产卵盛期，7 月上中旬为羽化盛期，即成虫危害盛期。1 个成虫从羽化到越冬可食害顶芽 3～5 个。

3. 防治方法　①采收后到落叶前，结合修剪，剪除虫枝烧毁，消灭越冬虫卵。②核桃发芽后，在树上成束状悬挂半干枝条，每树挂 3～5 束，诱集成虫在此产卵，成虫羽化前将枝条取下烧毁。③6～7 月份结合防治举肢蛾、刺蛾和瘤蛾，每隔 10～15 天喷 1 次 2.5% 溴氰菊酯乳油 800 倍液，或 50% 杀螟松乳油 1 000～1 500 倍液。

（九）草 履 蚧

草履蚧，也叫草鞋蚧。在我国大部分核桃产区均有发生。

1. 危害症状　吸食树液，树体衰弱，枝条枯死，叶片早落。

2. 形态与习性　雌成虫无翅，体长约 10 毫米，扁平椭圆，灰褐色，形似草鞋。雄成虫体长 6 毫米，紫红色，触角丝状，黑色。卵椭圆形，暗褐色。若虫与成虫相似。雄蛹圆锥形，淡红紫色，长约 5 毫米，外被白色蜡状物。该虫每年发生 1 代，以卵在树干基部土中越冬。初龄若虫行动迟缓，天暖上树，上树前在树干基部群集。上树后在 1～2 年生枝条上吸食树液。雌虫经过 3 次蜕皮变成成虫，雄虫第二次蜕皮后不再取食，下树在树皮缝、土缝、杂草中化蛹。蛹期 10 天左右，4 月下旬至 5 月上旬羽化，与雌虫交尾后死亡。雌成虫 6 月份前后下树，在根颈部土中产卵后死亡。

3. 防治方法　①树干绑黏虫胶带。在若虫未上树前，于 3 月初在树干基部刮除老皮，绑黏虫纸，或涂宽15厘米的黏虫胶，或绑20厘米宽的光滑的玻璃纸，阻止害虫上树。②若虫上树前，用6%的柴油乳剂喷洒根颈周围土壤。采果至土壤结冻或翌年早春进行树下土壤翻耕，或每667米^{2}在树冠下撒施5%辛硫磷颗粒剂2千克。若虫上树后全树喷洒48%毒死蜱乳油1 000倍液防治。

（十）铜绿金龟子

铜绿金龟子的幼虫叫蛴螬，各地核桃产区均有发生。

1. 危害症状　幼虫主要危害根系，成虫取食叶片、嫩枝、幼芽等，将叶片吃成缺刻或光杆。

2. 形态与习性　成虫体长约18毫米，椭圆形，铜绿色，有光泽。头、前胸背板两侧缘黄白色，翅鞘有4～5条纵隆起线，胸部腹面黄褐色，密生细毛。足的胫节和跗节红褐色。腹部末端两节外露。卵初产乳白色，近孵化时变为淡黄色，圆球形，直径约1.5毫米。幼虫体长30毫米，头部黄褐色，胴部乳白色，腹部末节腹面除钩状毛外，有2列针状刚毛，每列16根左右。蛹长椭圆形，长约18毫米，初为黄白色，后渐变为淡黄色。该虫1年发生1代，幼虫在土壤中越冬。翌年春季幼虫危害根部，5月份化蛹，成虫出现期6～8月份，6月份是成虫危害盛期。成虫喜光，夜间取食，有假死性。

3. 防治方法　①成虫危害盛期，用黑光灯或诱杀虫灯诱杀。也可用红糖1份、醋2份、白酒0.4份、30%敌百虫0.1份、水10份配制糖醋液诱杀。②利用假死性，振落后集中灭杀。③药剂防治。每667米^{2}用2.5%敌百虫粉剂1.5～2千克，地面撒施，或用90%晶体敌百虫1 000倍液喷洒树冠防治。

（十一）缀 叶 螟

1. 危害症状　核桃缀叶螟，也叫卷叶虫。幼虫卷叶取食危害，严重时可把叶片吃光。

2. 形态与习性 成虫体长 18 毫米，翅展 40 毫米。全身灰褐色。前翅有明显的黄褐色内横线及曲折的外横线。雄蛾前翅前缘内横线处有褐色斑点。卵：扁椭圆形，呈鱼鳞状集中排列卵块，每卵块 200～300 粒卵。幼虫：老熟幼虫 25 毫米长，头及前胸背板黑色有光泽，背板前缘有 6 个白点。全身基本颜色为橙褐色，腹面黄褐色，有疏生短毛。蛹：长 18 毫米，黄褐色或暗褐色。茧：扁椭圆形，长 18 毫米，形似柿核，深红褐色。1 年发生 1 代，老熟幼虫在土中做茧越冬，距树干 1 米范围占 90% 以上，入土深 10 厘米左右。6 月中旬至 8 月上旬化蛹，7 月中旬开始出现幼虫，7～8 月份为幼虫危害盛期。成虫白天静伏、夜间活动，将卵产在叶片上；初孵幼虫聚集危害，用丝黏合很多叶片成团，幼虫居内啃食叶片；老幼虫白天静伏，夜间取食。一般树冠外围枝、上部枝危害重。

3. 防治方法 ①深翻树盘，消灭越冬害虫。剪除带虫枝叶，消灭幼虫。②7 月下旬用 25% 灭幼脲 3 号胶悬剂 2 000 倍液，或 50% 杀螟松乳油 1 000 倍液喷施防治。

（十二）芳香木蠹蛾

1. 危害症状 该虫发生范围广，各地核桃产区多有发生。幼虫先在枝干皮层下蛀食，使木质部与皮层分离，极易剥落，在木质部的表面蛀成槽状蛀坑。虫龄增大后，常分散在树干的同一段内蛀食，并逐渐蛀入髓部，形成粗大而不规则的蛀道。

2. 形态与习性 成虫全身灰褐色，腹背略暗。体长 30 毫米左右，翅展 56～80 毫米。卵初产近白色，孵化前暗褐色，近卵圆形。幼虫扁圆筒形，初孵化时体长 3～4 毫米，末龄体长 56～80 毫米，胸部背面红色或紫茄色，具有光泽，腹面是黄色或淡红色。芳香木蠹蛾在河南、陕西、山西、北京等地 2 年完成 1 代。以幼虫在被害树木的蛀道内和树干基部附近的土内越冬。越冬老熟幼虫于 4～5 月份化蛹，6～7 月份羽化出成虫。成虫多在夜间活动，有趋光性。卵多产于树干基部 1.5 米以下或根茎结合部的裂缝或伤口边缘等处。幼虫孵化后即从伤口、树皮裂缝或旧蛀孔等处钻入皮层危害，排出细碎均匀的褐色木屑。此阶段常见十余头或几十头幼虫群集危害。9 月下旬至 10 月上旬，幼虫老熟，爬出隧道，在根际处或离树干几米外向阳干燥处约 10 厘米深的土壤中结伪茧越冬。老熟幼虫爬行速度较快，遇到惊扰会分泌出一种有芳香气味的液体，因此而得名。

3. 防治方法　①在成虫产卵期，树干刷涂白剂，防止成虫产卵。②5～10 月份幼虫蛀食期，用 40% 乐果乳油 25～50 倍液注孔 1 次。注至药液外流为止，然后用泥封口，可杀死干中幼虫。③当发现根颈皮下部有幼虫危害时，可撬起皮层捕杀幼虫。④加强植物检疫，严禁传入新核桃产区。

（十三）红 蜘 蛛

1. 危害症状　以若螨、成螨在叶背吸食汁液，严重时叶片失绿变黄焦，提早落叶。

2. 形态与习性　成螨体长 0.37～0.44 毫米，椭圆形，深红色。卵球形，初产时无色透明，渐变橘红色。幼螨足 3 对，若螨足 4 对，前期近卵圆形，后期与成螨相似。截形叶螨以雌成虫在土壤缝隙中越冬，翌年春出土后先在其他寄主上危害繁殖，6 月份以后干旱季节危害核桃树；朱砂叶螨，1 年发生 12～15 代，雌成螨在枯枝落叶和树皮缝隙等处越冬。气温升高开始繁殖危害，7～8 月份危害核桃树较重；二斑叶螨，1 年发生 12～13 代，雌成螨在树皮下、粗皮缝隙、杂草、落叶、土缝等处越冬，温度升高后开始危害核桃树，6～8 月份危害严重。

3. 防治方法　①刮除树皮，清除枯枝落叶、杂草，消灭越冬虫源。②惊蛰前后全树喷布 3～5 波美度石硫合剂，危害严重时喷洒 1.8% 阿维菌素乳油 3 000～4 000 倍液，或 15% 哒螨灵乳油 2 000 倍液，或 73% 炔螨特乳油 2 000 倍液防治。

（十四）刺 蛾 类

刺蛾，也叫洋辣子。各地均有发生，危害多种树木。主要有黄刺蛾、绿刺蛾、褐刺蛾、扁刺蛾等。

1. 危害症状　幼龄虫取食叶片下表皮和叶肉，三龄后取食叶片。虫体有毒，皮肤接触有烧痛感。

2. 形态与习性　黄刺蛾，成虫长15毫米左右，黄色。卵椭圆形、扁平、淡黄色。幼虫长20毫米左右，黄绿色。茧椭圆形，长12毫米。绿刺蛾，成虫长15毫米左右，黄绿色。卵扁椭圆形、翠绿色。幼虫长25毫米左右，黄绿色。茧椭圆形，栗棕色。扁刺蛾，成虫长17毫米左右，体翅灰褐色。卵椭圆形、扁平。幼虫体长26毫米左右，黄绿色、扁椭圆形。褐刺蛾，成虫长18毫米左右，灰褐色。卵扁平椭圆形，黄色。幼虫长35毫米左右，体绿色；茧广椭圆形，灰褐色。黄刺蛾，1年发生1～2代，以老熟幼虫在枝条分叉处或小枝上结茧越冬。翌年5月下旬羽化，成虫产卵于叶背面，卵期8天左右。第一代幼虫7月上旬为危害盛期。第二代幼虫危害盛期在8月上中旬，低龄幼虫喜群集危害。绿刺蛾，1年发生1～3代，以老熟幼虫在树干基部结茧越冬。翌年6月上中旬羽化，成虫趋光性强，夜间活动。初孵幼虫有群集性。扁刺蛾，1年发生2～3代，以老熟幼虫在土中结茧越冬。翌年6月上旬羽化，成虫有趋光性。幼虫发生期不整齐，6月中旬出现幼虫，直到8月上旬仍有初孵幼虫出现，幼虫危害盛期在8月中下旬。褐刺蛾，1年发生1～2代，以老熟幼虫结茧在土中越冬。

3. 防治方法　结合冬剪，摘除虫茧；利用诱光灯诱杀；幼虫群集时摘叶捕杀；幼虫期喷洒90%晶体敌百虫800倍液，或50%敌敌畏乳油800倍液防治。

处。幼虫孵化后即从伤口、树皮裂缝或旧蛀孔等处钻入皮层危害，排出细碎均匀的褐色木屑。此阶段常见十余头或几十头幼虫群集危害。9月下旬至10月上旬，幼虫老熟，爬出隧道，在根际处或离树干几米外向阳干燥处约10厘米深的土壤中结伪茧越冬。老熟幼虫爬行速度较快，遇到惊扰会分泌出一种有芳香气味的液体，因此而得名。

3. 防治方法　①在成虫产卵期，树干刷涂白剂，防止成虫产卵。②5～10月份幼虫蛀食期，用40%乐果乳油25～50倍液注孔1次。注至药液外流为止，然后用泥封口，可杀死干中幼虫。③当发现根颈皮下部有幼虫危害时，可撬起皮层捕杀幼虫。④加强植物检疫，严禁传入新核桃产区。

（十三）红蜘蛛

1. 危害症状　以若螨、成螨在叶背吸食汁液，严重时叶片失绿变黄焦，提早落叶。

2. 形态与习性　成螨体长0.37～0.44毫米，椭圆形，深红色。卵球形，初产时无色透明，渐变橘红色。幼螨足3对，若螨足4对，前期近卵圆形，后期与成螨相似。截形叶螨以雌成虫在土壤缝隙中越冬，翌年春出土后先在其他寄主上危害繁殖，6月份以后干旱季节危害核桃树；朱砂叶螨，1年发生12～15代，雌成螨在枯枝落叶和树皮缝隙等处越冬。气温升高开始繁殖危害，7～8月份危害核桃树较重；二斑叶螨，1年发生12～13代，雌成螨在树皮下、粗皮缝隙、杂草、落叶、土缝等处越冬，温度升高后开始危害核桃树，6～8月份危害严重。

3. 防治方法　①刮除树皮，清除枯枝落叶、杂草，消灭越冬虫源。②惊蛰前后全树喷布3～5波美度石硫合剂，危害严重时喷洒1.8%阿维菌素乳油3 000～4 000倍液，或15%哒螨灵乳油2 000倍液，或73%炔螨特乳油2 000倍液防治。

（十四）刺 蛾 类

刺蛾，也叫洋辣子。各地均有发生，危害多种树木。主要有黄刺蛾、绿刺蛾、褐刺蛾、扁刺蛾等。

1. 危害症状 幼龄虫取食叶片下表皮和叶肉，三龄后取食叶片。虫体有毒，皮肤接触有烧痛感。

2. 形态与习性 黄刺蛾，成虫长 15 毫米左右，黄色。卵椭圆形、扁平、淡黄色。幼虫长 20 毫米左右，黄绿色。茧椭圆形，长 12 毫米。绿刺蛾，成虫长 15 毫米左右，黄绿色。卵扁椭圆形、翠绿色。幼虫长 25 毫米左右，黄绿色。茧椭圆形，栗棕色。扁刺蛾，成虫长 17 毫米左右，体翅灰褐色。卵椭圆形、扁平。幼虫体长 26 毫米左右，黄绿色、扁椭圆形。褐刺蛾，成虫长 18 毫米左右，灰褐色。卵扁平椭圆形，黄色。幼虫长 35 毫米左右，体绿色；茧广椭圆形，灰褐色。黄刺蛾，1 年发生 1～2 代，以老熟幼虫在枝条分叉处或小枝上结茧越冬。翌年 5 月下旬羽化，成虫产卵于叶背面，卵期 8 天左右。第一代幼虫 7 月上旬为危害盛期。第二代幼虫危害盛期在 8 月上中旬，低龄幼虫喜群集危害。绿刺蛾，1 年发生 1～3 代，以老熟幼虫在树干基部结茧越冬。翌年 6 月上中旬羽化，成虫趋光性强，夜间活动。初孵幼虫有群集性。扁刺蛾，1 年发生 2～3 代，以老熟幼虫在土中结茧越冬。翌年 6 月上旬羽化，成虫有趋光性。幼虫发生期不整齐，6 月中旬出现幼虫，直到 8 月上旬仍有初孵幼虫出现，幼虫危害盛期在 8 月中下旬。褐刺蛾，1 年发生 1～2 代，以老熟幼虫结茧在土中越冬。

3. 防治方法 结合冬剪，摘除虫茧；利用诱光灯诱杀；幼虫群集时摘叶捕杀；幼虫期喷洒 90% 晶体敌百虫 800 倍液，或 50% 敌敌畏乳油 800 倍液防治。

第九章

核桃低产园改造

　　我国核桃栽植面积大，低产园所占的比例高，是造成核桃产量低、品质差的重要原因。全国现有核桃3亿多株，结果树仅占1/3，除近年新栽植的幼树外，相当部分是产量低或没有产量的低产园。改造低产园是我国目前核桃生产中的紧迫任务。

一、形成低产园的原因

　　第一，立地条件差。核桃多栽植在山地和丘陵坡地上，土层较薄，肥水缺少，加上不便于机械化作业，基本处于半野生状态。由于坡陡土薄，水土流失严重，集雨能力弱，核桃树生长环境差，结果少或不结果。

　　第二，品种杂乱。前几年核桃发展高潮期，良种嫁接苗供不应求，市场不良育苗户出售假劣核桃种苗，有些地方为了完成栽植任务，大量栽植实生苗，造成品种杂乱，良莠不齐，生长多年的核桃树不结果，或产量很低。

　　第三，规模小而弃管。农村人均耕地少，户均栽植核桃面积小，专人管理经济上不划算。多数农户弃管外出打工，核桃园长期荒废、杂草丛生、树形紊乱、病虫害严重，造成绝产，或产量极低。

　　第四，缺少管理技术。许多地区核桃栽植后缺少技术指导，农民对核桃栽培管理技术误解，认为核桃树适应性强，零星生长的核桃大树没有管理的情况下结果良好。误认为核桃栽培不需要修剪、施肥、病虫害防治。多数农户不懂管理技术，核桃园处于自然生长状态，产量低质量差。

二、低产园改造技术

（一）改善生长环境

对立地条件差的核桃园，针对制约核桃生长结果的原因进行改造。这些核桃园生长环境一般比较恶劣，土壤干旱瘠薄，杂草丛生，土壤中的养分、水分满足不了核桃生长的需要。应重点对核桃生长的土壤进行治理。

1. 修造水平梯田　在坡度较平缓、土层较厚的坡地，修筑水平梯田。可根据坡向、坡度、坡长，以及整个缓坡面积的大小，修筑若干块梯田。然后深翻梯田内土壤，增施肥料，改善核桃生长环境。

2. 开挖等高撩壕　在一些较陡的山坡上，土层一般较薄，土中石块多，保水性差。可沿等高线开筑撩壕，由山坡的下部到上部，一层一层地挖，上面壕沟的表土及杂草填入下面壕沟的底部，壕沟心土和石块堆在壕的外沿，部分心土放在沟的表面。挖土时避免或少伤树根。

3. 围树盘、垒树碗　对于地势复杂的地块，不便大块整地，可逐树在树干周围用土或小石块围成方形或圆形的树盘，树盘的大小略比树冠大一些。在树盘内深翻土壤，拣出石块。

4. 垦覆客土　对土壤黏重、质地坚硬的土石山地果园，应深挖土壤，拣出石块，客来好土，填入坑内，改良土壤。

（二）高接换优

在立地条件较好、树龄不太大、树势较好，但产量很低且品质不佳的实生核桃园，可采用高接改换优种措施。例如，河南浚县对未结果或产量很低的 14 年生实生树高接优良品种"辽宁 1 号"，嫁接后 3 年其产量比对照树增加 3.1 倍，且品质也极大提高。"七五"攻关协作组曾系统研究了高接换优技术，并取得重要进展，嫁接成活率已得到稳定提高。其中，多头高接的大树成活率可达 100%，接头成活率稳定在 87% 以上。几年来，该项技术已在豫、晋、冀、辽、新等核桃产区推广应用达 1 333 万余公顷。核桃高接换优的技术要点包括以下几项。

1. 砧、穗选择与处理 选择坚果品质好，丰产性、抗逆性均强的优良品种或优系作接穗母树。选择发育充实、无病虫害、直径 1～1.5 厘米的发育枝或早实核桃的二次枝，从枝条中下部髓心小、芽子饱满的部位截取接穗。每个接穗保留 2～3 个饱满芽，用 95℃～98℃液状石蜡封严，贮存在 10℃ 条件下备用，切忌接穗萌动。砧木应选用 6～30 年生低产劣质的健壮树，于嫁接前 7 天按原树冠的从属关系锯好接头，幼树可直接锯断主干，初结果和结果大树则要多头高接。多头高接时锯口应距原枝基部 20～30 厘米。如在有伤流期嫁接，应在正式嫁接前 4～7 天于树干基部距地面 20～30 厘米处，螺旋式锯 3～4 个锯口，深度达木质部 1 厘米左右，让伤流液流出（即放水）。如伤流过多，也可于接头基部再做 1～2 个放水口。嫁接部位直径粗度以 5～7 厘米为宜，最粗不超过 10 厘米，过粗不利于砧木接口断面愈合。

2. 嫁接时期和方法 嫁接时期以从芽萌动到末花期为宜（我国北方地区多为 4 月中下旬或 5 月初）。各地可根据当地的物候期等情况确定适宜时期。嫁接方法以插皮舌接法为好，依砧木的粗细，每个接头可插 1～5 个插穗。实践证明，砧桩直径为 2～5 厘米时可插 1～2 个穗，5～8 厘米时插 2～3 个穗，8～11 厘米时插 3～4 个穗，砧桩较粗的有时插 3～5 个穗。嫁接 3 年以后基本上可完全包合。

3. 接穗保湿 接穗保湿法有蜡封接穗法和保湿土袋法两种。保湿土袋法的具体做法是，嫁接完成后用旧报纸从接口往上卷成纸筒包住接穗，筒内装满湿土（或湿木屑、湿蛭石等），然后在纸筒外套上塑料袋，下口封在接口以下绑紧即可。蜡封接穗法操作简便，省工低耗，成活率也较高。

4. 嫁接后管理　一般在嫁接后 20 天左右，接穗开始萌芽抽枝，对土袋法保湿来说，应在看到小枝抽生后即将袋破一小口通风，使小枝的嫩梢伸长。通风口应由小渐大，不可一次开口过大，更不能解包，总的原则是通风宁晚勿早，以防幼芽抽干死亡及袋内湿土干燥。当新梢长到 20～30 厘米时，应绑支棍固定新梢，以防风折。接后 60 天检查成活率，并去掉绑缚物。对接口以下萌发的枝条，在接芽未成活前，可暂时保留 1～2 个，接芽成活后全部剪除。换冠的树体粗大，接芽过少，应留 2 个砧桩萌条作辅养枝，避免砧树枝芽少、光合作用不足、营养亏缺而造成砧树枯死，或嫁接成活新梢生长不良，待嫁接成活新枝生长旺盛、光合作用产物足以满足砧树生长需要时，剪除砧树萌条辅养枝。期间通过摘心、开角等措施控制砧树留枝过旺生长。嫁接芽未成活，应进行补接。补接的方法是在未接活砧桩的萌条基部进行芽接或绿枝劈接。芽接时间在 5～6 月份；枝接时间，北方为 6 月中旬至 7 月初。

5. 改接树的修剪　高接改优后形成的新树冠，由于嫁接接枝抽生部位比较集中，发枝较多，任其自然生长则树冠比较紊乱，难以形成主从分明的树冠结构。早实核桃比晚实核桃的这种现象更为严重，因此在高接后的 3～4 年，应注意主、侧枝的选留，培养好新骨架。若接口附近发枝太多，应按去弱留强的原则，及时去除细弱枝，并对保留枝进行适当短截，然后按整形修剪方法培养成合理的树冠。

6. 改接园的管理　对改接园应加强管理，否则，会因大量结果、营养供应不良而导致树势早衰，产量下降。据"七五"攻关协作组河南试点的研究结果显示，接后管理与不管理的树相比，改接后 5 年坚果平均株产可相差 3 倍（表 9-1）。

表 9-1 栽培管理措施对改接树产量的影响

项 目	调查株数	树 势	改接后逐年平均产量（千克）					
			第一年	第二年	第三年	第四年	第五年	5年平均
间作，中耕除草	128	旺	0.45	2.35	2.48	3.37	3.45	2.42
不管理	50	弱	0.42	1.37	0.41	0.54	0.29	0.61
未改接（对照）	48	旺	0.10	0.31	0.09	0.44	0.45	0.23

（三）推进果园流转，提高规模效益

对分散栽植弃管的农户，应通过扶持龙头企业，或农民种植专业合作社，积极推进果园流转，集中连片，规模化集约经营，园艺化管理，提高规模经营效益。通过农户参股、作价买卖、代管托管等多种形式，将零散种植的果园集中起来，由专业公司或农民种植专业合作社统一管理，挖掘潜力，发挥最大经济效益。当地政府应出台优惠政策，积极协调，招商引资，加快果园流转，促进核桃产业化发展。

（四）加强果园管理

对于缺乏管理技术的地区，当地政府应组织农户加强技术培训，由专业技术人员定期实地指导，提高管理水平，尽快提高产量。应重点实施推广以下几项管理技术。

1. 加强土肥水管理 在秋末冬初进行全园翻压，平地核桃园以机耕为佳，深度在 20 厘米左右。如在夏季翻压，可稍浅些，以免过多地伤根而影响树体生长。翻压既能疏松土壤，消除土壤板结状况，又可将杂草压入土中，待雨季沤熟后增加土壤肥力。对多年弃管的弱树来说，加强土肥水管理尤为重要。施肥以厩肥、氮肥为主，并以二者同时施用效果为好。在草源多的山区也可就近堆沤绿肥或树盘压青。追肥宜早春施 1 次速效性氮肥，这样有利于前期生长和雌花芽的形成。施肥量应高于正常树，并于施肥后立即浇水。

2. 调整树冠结构 放任生长的低产树，由于多年不剪，大多表现为树冠内膛空虚，结果部位外移，枯枝较多；或枝条过多，树冠郁闭，通风透光不良；还有的树冠大枝过多，结果枝很少。这类树改造时应因树制宜，适树修剪。具体做法：一是注意调整树形。对有明显主干的植株，可调整成主干疏散分层形，将树冠分成2～3层，共保留5～7个主枝。无明显主干者，可调整成自然开心形，交错留3～4个主枝。二是调整侧枝数量和分布。侧枝的选留应考虑到结果枝组的培养，总的原则是分布均匀，疏密适当，有利于生长和正常结果。三是处理外围枝，剪除外围的下垂枝和冗长细弱枝，有空间者可重回缩以促发壮枝。剪除干枯枝、重叠枝、交叉枝、过密枝及病虫枝，保留生长健壮的外围枝，并使之分布均匀。如果外围枝大部分为短果枝、雄花枝，可适当疏除或回缩。四是注意结果枝组的培养，主要是在树冠内部，相隔适当的距离培养若干结果枝组，增加结果部位。

此外，调整树冠时应注意，对壮旺树需要疏除较多大枝时，应分年分批剪除，以免一次疏除过多造成过旺生长。经过改造的大树，内膛易萌发许多徒长枝和发育枝，可根据空间和枝条的生长情况，采取先放后缩或先截后放的方法将其培养成健壮的结果枝组。

3. 多项栽培技术综合应用 综合技术措施指所有能够促进核桃树体生长和结果的各项管理措施的综合运用。实践证明，与施用单项技术措施相比，综合技术更有利于提高核桃的产量。例如，河南省林县于1984—1987年对2.12万株核桃树采取修剪、深翻改土、放树盘、高接换优、防治病虫等综合管理措施，产量提高134.5%以上，投入产出比为1∶29.5。河南省核桃综合技术研究协作组于1984—1988年对结果大树进行综合技术（扩盘、中耕、施肥、修剪、防治病虫等）管理，使产量较对照树增加4倍以上。河北农业大学与涞水县林业局合作于1982—1985年采用综合管理技术，使1 009株40～80年生大树低产变高产，综合管理后第三年产量提高

40%，坐果率提高到99.1%。"七五"攻关协作组于1987—1990年在北京市和山西省分别进行了配套栽培措施研究，结果表明，组装配套技术（包括翻耕、施肥、疏雄、修剪、种绿肥等不同处理组合），不仅可以促进放任多年核桃大树的生长和大幅度提高产量（123%～279%），而且还能提高土壤有机质含量和改善土壤肥力状况。

第十章
核桃采收、贮藏与加工

一、核桃采收与采后处理

（一）采收适期

核桃果实最佳采收期即为果实的成熟期。其外观形态特征是青果皮由绿色变黄色，部分顶部开裂，青果皮易剥离；内部特征是：种仁饱满，幼胚成熟，子叶变硬，风味浓香。适时采收是实现丰产优质的保证。核桃的采收时期按用途不同差别很大，食用鲜果或加工清水核桃仁罐头一般早采收，在坚果核仁丰满后采果下树，河南省多于8月上旬开始采收出售。以干果为商品的核桃要求果实充分成熟后采收，采收过早青皮不易剥离，种仁不饱满，出仁率低，口感差，加工时出油率低，而且不耐贮藏。采收过晚则果实易脱落，同时青皮开裂后停留在树上的时间过长，会增加受霉菌感染的机会，导致坚果品质下降。核桃果实的成熟期，因品种和气候条件不同而异。早熟与晚熟品种成熟期可相差10～25天。一般来说，北方地区的成熟期多在9月上中旬，南方地区则相对早些。同一品种在不同地区的成熟期有所差异，如辽宁1号品种在大连等地于9月中下旬成熟，在河南省9月上旬成熟；同一地区内平原较山区成熟早，低山区比高山区成熟早，阳坡较阴坡成熟早，干旱年份比多雨年份成熟早。

（二）采收方法

核桃的采收方法有人工采收法和机械振动采收法两种。人工采收就是在果实成熟时，用竹竿或带弹性的长木杆敲击果实所在的枝条或直接触落果实，这是目前我国普遍采用的方法。其技术要点是，敲打时应该从上至下、从内向外顺枝进行，以免损伤枝芽，影响翌年产量。机械振动采收是在采收前 10～20 天，在树上喷布 500～2000 毫克 / 千克乙烯利溶液催熟，然后用机械振动树干，使果实振落到地面，这是近年来国外试用的方法。此法的优点是青皮容易剥离，果面污染轻，但其缺点是，因用乙烯利催熟，往往会造成叶片大量早期脱落而削弱树势。

（三）采后处理

1. 脱青皮方法

（1）**堆沤脱皮法**　此法是我国传统的核桃脱青皮方法。其技术要点是：果实采收后及时运到室外阴凉处或室内，切忌在阳光下暴晒，然后按 50 厘米左右的厚度堆成堆（堆积过厚易腐烂）。若在果堆上加一层 10 厘米左右厚的干草或干树叶，则可提高堆内温度，促进果实后熟，加快脱皮速度。一般堆沤 3～5 天，当青果皮离壳或开裂达 50% 以上时，即可用棍棒敲击脱皮。对未脱皮者可再堆沤数日，直至全部脱皮为止。堆沤时注意切勿使青果皮变黑甚至腐烂，以免污液渗入壳内污染仁，降低坚果品质和商品价值。

（2）**乙烯利脱皮法**　由于堆沤脱皮法脱皮时间长，工作效率低，果实污染率高，对坚果商品质量影响较大，所以 20 世纪自 70 年代以来，一些单位开始研究利用乙烯利催熟脱皮技术，并取得了成功。其具体做法是：果实采收后，在 0.3%～0.5% 乙烯利溶液中浸蘸约半分钟，再按 50 厘米左右的厚度堆在阴凉处或室内，在温度 30℃、空气相对湿度 80%～90% 条件下，经 5 天左右，离皮率可高达 95% 以上。若果堆上加盖一层厚 10 厘米左右的干草，2 天左右即可离皮。据测定，此法的一级果比例比堆沤法高52%，核仁变质率下降到1.3%，缩短脱皮时间5～6天，且果面洁净美观。乙烯利催熟时间长短和用药浓度大小与果实成熟度有关，果实成熟度高，用药浓度低，催熟时间也短。

（3）**机械脱皮法**　对于核桃种植面积大、产量高、品种集中成熟的专业种植户，堆沤脱皮法和乙烯利脱皮法不适合生产要求，应采用机械化脱皮法，以提高工效和保证果实商品性稳定。

①脱皮工艺流程

小型机械脱皮工艺流程：

原料→去杂→分级→脱青皮→清洗→分拣→烘干→贮藏

原料即为充分成熟的核桃果实，容易脱皮彻底。去杂即去除叶、石块、沙砾、泥土等。分级即按大小规格分级，目的是提高脱皮效率和降低果实损伤率。脱青皮即核桃青皮厚3～8毫米、含水量40%～45%，果仁含水量20%～25%，必须在1～2天内脱去青皮，防止核仁变质。清洗即洗去果面青皮汁、残留果皮等杂质，直销果实还需漂洗。分拣即在带式分拣台上进行，人工或气流将破损和青果皮未剥离的核桃分离出来，进行二次剥皮。烘干即在烘干室热风45℃左右、24～48小时，使果实水分降至8%以下。

美国成套设备脱皮工艺流程：

振动喂料→提升机→原料预清机→提升机→漂浮式去石机→卧式脱皮机→青皮分离机→真空分离机→清洗机→提升机→烘干机→包装贮藏

国内成套设备脱皮工艺流程：

振动喂料→提升机→删条滚筒分级机→提升机→漂浮式去石机→立式脱皮机→滚筒清洗机→喷淋、人工分拣机→提升机→烘干箱→包装贮藏

美国成套设备功率高，用人工少，但设备昂贵。国内设备功率低，用人工量大，但价格较低。

②设备构造原理　栅条滚筒式分级机是根据间隙规格大小达到

分级目的。由机架、传动装置、删条筛筒、清筛装置、进料斗、出料斗、地轮、调节支腿等组成；原料预清机是通过机械和气流分离杂物的，由机架、料仓、网格、输送、传送带、吸风带、吸风道、沉降箱和闭风器组成；去石机是按比重不同的原理，由机架、水箱、刮板输送、进出料口和传动装置组成；脱青皮机是靠板刷上弹齿对物料产生揉搓形成剪切力，使青皮破裂而剥离下来。有 3 种装置：一是立式圆盘脱皮机，由机架、进料口、转动圆盘、半圆形板刷和传动装置组成。二是卧式脱皮机，由机架、矩形板刷、金属链板式输送带、喷水管和传动装置组成。三是滚筒式脱皮机，由删条滚筒、凹板刷和传动装置组成。青皮分离机由机架、进出料口、两条杆型输送带、管路、喷嘴、调速电机和传动装置组成；烘干设备由提升机、水平输送带、若干个干燥仓、热风炉、风机组成。仓面倾斜 30°，温度 43℃～45℃，经 24～48 小时水分达 8% 以下。

2. **坚果漂洗** 核桃脱青皮后，如果坚果作为商品出售，应先进行洗涤，清除坚果表面残留的烂皮、泥土和其他污染物，然后再进行漂白处理，以提高坚果的外观品质和商品价值。洗涤的方法是，将脱皮的坚果装筐，把筐放在水池中（流水中更好），用竹扫帚搅洗。在水池中洗涤时，应及时换清水，每次洗涤 5 分钟左右，洗涤时间不宜过长，以免脏水渗入壳内污染核仁。如不需漂白，即可将洗好的坚果摊放在席箔上晾晒。也可用机械洗涤，其工效较人工清洗高 2～3 倍，成品率高 10% 左右。如有必要，特别是用于出口外销的坚果洗涤后还需漂白。具体做法是：在陶瓷缸内（禁用铁、木制容器），先将次氯酸钠（漂白精，含次氯酸钠 80%）溶于 5～7倍的清水中，然后再把刚洗净的核桃放入缸内，使漂白液浸没坚果，用木棍搅拌 3～5 分钟。当坚果壳面变为白色时，立即捞出并用清水冲洗 2 次，晾晒。只要漂白液不变浑浊，即可连续漂洗（一般一缸漂白液可洗 7～8 批）。采用漂泊粉漂洗时，先把 0.5 千克漂白粉加温水 3～4 升溶解开，滤去残渣，然后在陶瓷缸内兑清水30～40 升配成漂白液，再将洗好的坚果放入漂白液中，搅拌 8～10

分钟，当壳面变白时，捞出后清洗干净，晾干。使用过的漂白液再加 0.25 千克漂白粉即可继续漂洗。每次漂洗核桃 40 千克。作种子用的核桃坚果，脱青皮后不必洗涤和漂白，直接晾干后贮藏备用。

3. 坚果晾晒 核桃坚果漂洗后，不可在阳光下暴晒，以免核壳破裂，核仁变质。洗好的坚果应先在竹箔或高粱秸箔上阴干半天，待大部分水分蒸发后再摊放在芦席或竹箔上晾晒。坚果摊放厚度不应超过两层果，过厚容易发热，使核仁变质，也不易干燥，晾晒时要经常翻动，以免种仁背光面变为黄色。注意避免雨淋和晚上受潮。一般经 5～7 天即可晾干。判断坚果干燥的标准是：坚果碰敲声音脆响，横隔膜易于用手搓碎，种仁皮色由乳白变为淡黄褐色，种仁含水量不超过 8%。晾晒过度，种仁出油，同样降低品质。

若遇秋雨连绵无法自然晾晒时，也可用火坑烘干。烘干时坚果摊放厚度以不超过 15 厘米为宜，过厚不便翻动，且烘烤不均匀，易出现上湿下焦；过薄易烤焦或裂果。烘烤温度至关重要，刚上炕时坚果湿度大，烤房温度 25℃～30℃ 为宜，同时要打开天窗，让大量水汽蒸发排出。烘烤到四五成干时，关闭天窗，将温度升到 35℃～40℃。烘烤至七八成干时，将温度降至 30℃ 左右，最后用文火烤干为止。果实上炕后到大量水汽排出之前不宜翻动，经烤烘 10 小时左右，壳面无水时才可翻动，越接近干燥翻动应越勤，最后阶段每隔 2 小时翻 1 次。

4. 分级和包装

（1）坚果分级标准和包装

①分级标准 根据核桃外贸出口要求，坚果依直径大小分为 3 等，一等品 30 毫米以上，二等品 28～30 毫米，三等品 26～28 毫米。出口核桃除要求坚果大小指标外，还要求壳面光滑、洁白、干燥（核仁含水量不得超过 6.5%），成品内不允许夹带任何杂果。不完善果（欠熟、虫蛀、霉烂及破裂果）总计不得超过 10%。

根据我国国家标准局于 1987 年颁布的《核桃丰产与坚果品质》国家标准，将核桃坚果分为以下 4 个等级：一是优级。要求坚果外观整齐端正（畸形果不超过10%），果面光滑或较麻，缝合线平或低；平均单果重不小于8.8克；内褶壁退化，手指可捏破，能取整仁。种仁黄白色，饱满；壳厚度不超过1.1毫米；出仁率不低于59%；味香，无异味。二是一级。外观同优级。平均单果重不小于7.5克，饱满；壳厚度1.2～1.8毫米；出仁率50%～58.9%；味香，无异味。三是二级。坚果外观不整齐、不端正，果面麻，缝合线高；单时平均重不小于7.5克；内褶壁不发达，能取整仁或半仁；种仁深黄色，较饱满；壳厚1.2～1.8毫米；出仁率43%～49.9%；味稍涩，无异味。四是等外。抽捡样品中夹仁坚果数量超过5%时，列入等外。同时，标准中还规定：露仁、缝合线开裂、果面或种仁有黑斑的坚果超过抽检样品数量的10%，不能列为优级和一级品。

②包装 核桃坚果包装一般都用麻袋，出口商品可根据客商要求，每袋装45千克左右，包口用针线缝严，并在袋左上角标注批号。

（2）果仁分级标准与包装

①取仁方法 核桃取仁方法有人工取仁和机械取仁2种。人工取仁方法是：选择饱满、质量上乘的核桃坚果，人工砸开核桃壳，将壳仁分离，然后按仁完整程度分级包装。我国目前仍沿用人工砸取的方法，砸仁时应注意将缝合线与地面平行放置，用力要匀，切忌猛击和多次连击，尽可能提高整仁率。为了减轻坚果砸开后种仁受污染，砸仁之前一定要清理好场地，保持场地的卫生，不可直接在地上砸，坚果砸破后先装入干净的筐篓中或堆放在席子或塑料布上，砸完一批后再进行剥仁。剥仁时，最好戴上干净手套，将剥出的仁直接放入干净的容器或塑料袋内，然后再分级包装。机械取仁方法即按核桃果实大小和壳厚薄分级，减少破仁率；破壳即碰撞、挤压等方法破壳，圆形果实破壳效果最好。壳仁粗分离是将破开果实中的仁进一步脱离核壳，漏破或不完全破壳的果实分离后进行二次破壳。壳仁分级即通过筛分按照一定的尺寸进行分级。气流分离即应用气流将筛分中的壳和仁分离开；分色即按仁的颜色与完整程

度划分等级，仁色淡、完整好，其价格高。人工分拣即拣除色差、干瘪、碎壳、杂质等；包装即真空包装贮藏。

机械取仁的工艺流程：

原料→分级→破壳→壳仁粗分离→壳仁分级→气流分级→分色→人工分拣→装箱→计量检测→封箱

②分级标准　根据核仁颜色和完善程度将其分为8级（行业术语称"路"）：一级称白头路，1/2仁，淡黄色。二级称白二路，1/4仁，淡黄色。三级称白三路，1/8仁，淡黄色。四级称浅头路，1/2仁，淡琥珀色。五级称浅二路，1/4仁，淡琥珀色。六级称浅三路，1/8仁，淡琥珀色。七级称混四路，碎仁，种仁色浅且均匀。八级称深三路，碎仁，种仁深色。

在核桃仁分级和收购时，除注意种仁颜色和仁片大小外，还要求种仁干燥，水分不超过5%；种仁肥厚，饱满，无虫蛀，无霉烂变质，无异味，无杂质。不同等级的核桃仁，出口价格不同，白头路最高，浅头路次之，但完全符合白头路与浅头路两个等级的商品量不大。我国大量出口的商品主要为白二路、白三路、浅二路和浅三路，混四路和深三路均作内销或加工用。

③包装　核桃仁出口要求按等级用纸箱或木箱包装。作包装核桃仁木箱的木材不能有怪味，一般每箱核仁净重20～25千克。包装时应采取防潮措施，一般是在箱底和四周衬垫硫酸纸等防潮材料，装箱之后立即封严、捆牢，并注明重量、等级、地址、货号等。

二、核桃贮藏方法

长期贮存的核桃要求含水量不超过7%。核桃贮藏方法因贮量和所需贮藏的时间不同而异，一般分为普通室内贮藏和低温贮藏。

（一）普通室内贮藏法

即将晾干的核桃装入布袋或麻袋中，放在通风、干燥的室内贮藏，也可装入筐（篓）内堆放在阴凉、干燥、通风、背光的地方贮藏。为避免潮湿，最好堆下垫石块，同时还可防鼠害。少量作种子用的核桃可装在布袋中挂起来。普通室内贮藏只能短期存放，往往不能安全过夏，若过夏易发生霉烂、虫害和有哈喇味。

（二）低温贮藏法

长期贮存核桃应有低温条件，如贮量不多，可将坚果封入聚乙烯袋中，贮存在0℃～5℃的冰箱中，可保存良好的品质2年以上。有条件的，大量贮存可用麻袋包装，贮存于0℃～1℃的低温冷库中，效果更好。在无冷库的地方，也可用塑料膜账密封贮藏。方法是：选用0.2～0.23毫米厚的聚乙烯膜帐，帐的大小和形状可根据存贮数量和仓储条件设置。将晾干的核桃封于帐内贮藏，帐内含氧量应在2%以下。北方地区冬季气温低、空气干燥，秋季入帐的核桃，不需立即密封，可待翌年2月下旬气温逐渐回升时再进行密封。密封应选择低温、干燥的天气进行，使帐内空气相对湿度不高于60%，以防密封后霉变。南方地区秋末冬初气温高、空气湿度大，核桃入帐时必须加吸湿剂，并尽量降低贮藏室内的温度。当春末夏初，气温上升时，在密封的帐内贮藏也不够安全，这时可配合在帐内充二氧化碳或充氮降氧。充二氧化碳可使帐内的二氧化碳浓度升高，既能抑制核桃呼吸，减少损耗，又可抑制霉菌的活动，防止霉烂。同时，二氧化碳浓度达到50%以上，还可防止油脂氧化而产生的酸败现象（俗称哈喇味）及虫害。若帐内充氮量保持在1%左右，不但具有与充二氧化碳同样的效果，还可以在一定程度上防止核桃衰老。为防治贮藏过程中发生鼠害和虫害，可用二硫化碳（40.5克／米³）熏蒸库房，密闭封存18～24小时，有显著效果。

核桃仁的贮藏一般需要低温条件，在1.1℃～1.7℃条件下，核桃仁可贮藏2年而不腐烂。此外，采用合成的抗氧化材料包装核桃仁还可抑制因脂肪酸氧化而引起的酸败现象。

三、核桃加工方法

（一）核桃果实加工方法

1. 椒盐核桃 原料为核桃果和配料。配料配方为：草豆蔻0.3%，桂皮0.3%，丁香0.2%，甘草0.3%，小茴香0.2%，花椒0.1%，食盐4%，水94.6%。

工艺流程：

原料→分级→破壳→去涩→腌制→烘烤→冷却→分拣→包装

选果即选择新鲜、饱满、无病虫、大小、壳厚薄一致的核桃果，可采用10%盐水漂洗选果。分级即按果实大小、壳厚薄进行分级。破壳即用机械通过碰撞、挤压破壳，少量加工也可人工破壳。去涩即将核桃果在沸水中煮10分钟左右，捞出用清水冲洗。也可用淡盐水浸泡2～3天，每天换水1次，捞出风干。腌制即将配料煮沸1小时，再把核桃果泡入料水中，每天搅拌2～3次，5天后捞出沥干。也可将核桃果在料水中煮10～20分钟捞出沥干。烘烤即将沥干的核桃果放入烘箱中，在75℃～80℃条件下烘烤，期间翻动2～3次，果仁发脆后冷却即可。包装即真空包装，每袋250克，或500克。

2. 五香核桃 原料为核桃果和配料。配料配方为：大茴香1%，草豆蔻0.3%，桂皮0.5%，丁香0.2%，甘草0.5%，小茴香0.2%，甜蜜素适量，食盐2%，水95%。

工艺流程：

原料→分级→破壳→去涩→腌制→烘烤→冷却→分拣→包装

原料即选择新鲜、饱满、无病虫、大小、壳厚薄一致的核桃果，可采用10%盐水漂洗选果。分级即按果实大小、壳厚薄进行分级。破壳即用机械通过碰撞、挤压破壳，少量加工也可人工破壳。为了去涩可将核桃果在沸水中煮10分钟左右，清水冲洗，也可用淡盐水浸泡 2～3 天，每天换水 1 次，捞出风干。腌制即将配料煮沸 1 小时，把核桃果泡入料水中，每天搅拌 2～3 次，5 天后捞出沥干。也可将核桃果在料水中煮 10～20 分钟捞出沥干。烘烤即将沥干的核桃果放入烘箱中，在 75℃～80℃条件下中烘烤，期间翻动 2～3 次，果仁发脆后冷却即可。包装即真空包装，每袋 250 克，或 500 克。口味可根据不同人群调制。南方人口味偏甜，可适当多加甜味剂；北方人口味偏咸，可适当多加食盐。

（二）核桃仁加工方法

1. 琥珀核桃仁　工艺流程：

原料→水煮→清水冲洗→脱水→挑选→糖煮→油炸→冷却→脱油→冷却→分拣→包装

原料即选择新鲜、完整的核桃仁作原料。水煮即将核桃仁在沸水中煮 10～15 分钟，脱涩味。清水冲洗即将水煮过的核桃仁用清水冲洗干净。脱水即用离心机把核桃仁水分脱去。挑选即挑出核桃仁坏粒、碎仁。糖煮即按水与糖 10：3 的比例，先煮糖水 20 分钟，再用 140℃糖水将核桃仁煮 10～15 分钟，捞出沥干。油炸即将糖水煮过的核桃仁放入金属笼或筐中，在 145℃～155℃的热油中炸 4 分钟，捞出。冷却即第一次冷却，将油炸的核桃仁轻轻翻动，不能结团。脱油即用离心机将核桃仁脱去多余的油。冷却即第二次冷却，用风扇吹，将核桃仁温度降到室温以下。分拣即将结团的核桃仁、烂仁拣出。包装即用易拉罐包装，先用 75% 酒精擦洗易拉罐消毒，用计量器称重装罐封口；用食品包装袋包装，应在真空条件下包装。

2. 椒盐核桃仁　工艺流程：

核桃仁→去涩→水煮→烘干→包装

核桃仁→去涩→油炸→拌椒盐→冷却→包装

核桃仁选择标准、去涩、油炸、烘干、冷却方法同琥珀核桃仁加工，水煮方法同椒盐核桃果加工，包装同琥珀核桃仁，椒盐配方同核桃果加工配方，将配料粉碎成细粉状。

3. 核桃仁其他产品　将核桃仁作为食品添加剂，可加工成多种小食品，如核桃酥、核桃仁蛋糕、核桃仁麻糖等，按照这些食品的加工方法，添加一定量的核桃仁即可。

（三）核桃油加工方法

1. 传统机械压榨法　工艺流程：

核桃果→剥壳→仁壳分离→榨油→滤油→灌装产品→壳饼

传统机械压榨核桃油，由于核桃仁直接压榨是在较低温度条件下（原料不经过高温蒸煮）进行，所以可保证核桃油中的天然有效物质不被破坏，产品的商业价值高。目前，国内也有采用轧胚、蒸炒和压榨制油等工艺方法。直接压榨法对入榨物料的含壳率有一定的要求，含壳率低不利于出油，一般要求含壳率在30%左右，其出油率在25%～30%。采用螺旋榨油机可连续生产，设备配套简单，适合于小型核桃制油厂生产。用机械压榨法生产核桃油后的副产品为核桃饼，由于它含有皮壳，无法作为食品再食用，这样势必造成核桃油的成本过高。另外，残留物胶体杂质无法去除，不能再利用。

2. 核桃仁压榨法　工艺流程：

原料→去杂质、坏粒→预处理（50℃～70℃，10分钟，在不锈钢容器中）→压榨（用网袋装原料，压榨2～3次）→毛油过滤（用滤布）→沉淀（12小时）→脱酸（用碱炼法，70℃，加碱8小时反应，酸值＜0.3毫克/克）→水洗（95℃条件下，加水10%～15%，洗1～2次，主要去除残留碱）→脱色（加活性炭，125℃条件下，在真空容器内进行）→过滤→脱臭（真空容器内）→过滤→检验→包装

3. 预榨—浸出法

①4# 溶剂浸出制油　该方法是以核桃仁为原料，先经间歇式液压榨油机压榨取油35% 左右，然后采用4# 溶剂浸出制油，采用

该法出油率高（粕残油5%以下）。其工艺流程：

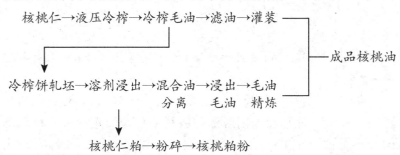

冷榨过程要求操作压力均衡，采用勤压、少压的原则进行。浸出前需要轧胚处理，破坏细胞以便于溶剂浸透。采用液化气在一定压力温度条件下操作，浸出毛油及粕需进行脱溶剂精炼处理。采用低温操作，能保持产品中的天然成分不被破坏，由于原料未经脱皮处，所得仁粕粉需进行处理。整个过程需间隔处理（若采用6#溶剂浸出可实现连续化操作），同时采用有机溶剂，工艺设备技术要求高。

②6# 溶剂浸出制油　工艺流程：

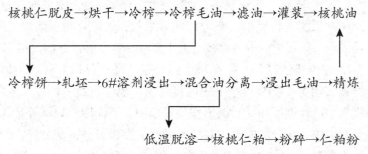

③水剂法　工艺流程：

核桃仁→浸泡脱皮→研磨→浸提→分离脱脂

→调配→均质→灭菌→浓缩→干燥→包装→核桃粉

→乳化油破乳脱水→过滤→包装→精制核桃油

（四）核桃粉加工方法

工艺流程：

原料→煮制脱涩→磨浆→细磨→均质→干燥→冷却→摊晾→过筛→包装

原料即选择优良核桃仁，去除坏粒、霉变粒，将核桃仁与牛奶比例按 3∶7 配比。煮制脱涩即将核桃仁在沸水中将核桃仁煮10～15 分钟，可煮 1～2 次进行脱涩。磨浆即第一次粗磨，将牛奶加入核桃仁粗研磨，然后再进行第二次细磨、第三次细磨。均质即用高压泵，加压力 40～50 兆帕，冷却 50℃，使浆液均质。干燥即在容器温度为 220℃～240℃条件下，将牛奶与核桃仁混合物喷淋成粉状，粉的温度为 90℃～100℃。冷却即将粉冷却 30 分钟。摊凉即用不锈钢棍不断搅拌，使核桃粉不结团。过筛即将充分冷却的核桃粉过筛。包装即用真空袋包装成 250 克或 500 克的商品。

（五）核桃工艺品加工方法

1. 文玩核桃　文玩核桃品种选择河北麻核桃，幼果期注意疏果，并对果实进行整形。充分成熟后采收，去除青皮，清洗干净，配对。要求果实丰满，每对核桃大小形状一致，外观好的价格高。

2. 山核桃工艺品　①品种。山核桃。②产品。分两大类即装饰类和实用类。③分 6 个工序即设计、制模、选料、切片、挖仁、磨片。④设计创作作品，画出作品平面图、侧面图、规格等。⑤制模。做出作品相应的模具，对模具抛光，在模具外贴塑料膜。⑥选料。选择直径 2.6 厘米以上的山核桃果实，要求果实大小基本一致。⑦切片。用电锯将核桃纵切、横切，一般切块高 1.8～2.4 厘米、厚0.8 厘米，每个核桃可切 3 片料。⑧挖仁。将核桃仁挖出，可食用，也可作食品原料。⑨磨片。两面打磨、三面打磨。根据作品的形状打磨成不同厚度、角度和凹凸的片料。先将片料摆放到模具上，不合适的片料进行打磨，摆好后按顺序把片料取下。⑩粘贴。用普通白乳胶，加颜料调色，与作品色彩一致。用乳胶将片料一片一片粘贴到模具上，12个小时后，取得模具进行抛光（内外及边角）。最后用气囊抛光，清理残渣后，用清漆漆2遍，第一遍可将作品浸入清漆内，第二遍用刷子上漆。复杂工艺品可分割做，最后组装。

参考文献

［1］魏玉君. 薄皮核桃［M］. 郑州：河南科学技术出版社，2006.

［2］裴东，鲁新政. 中国核桃种质资源［M］. 北京：中国林业出版社，2011.

［3］梁臣，张兴. 核桃高效栽培技术［M］. 北京：金盾出版社，2014.

［4］中南林学院. 经济林栽培学［M］. 北京：中国林业出版社，1983.

［5］中南林学院. 经济林研究法［M］. 北京：中国林业出版社，1988.

［6］杨军，李忠新，杨忠强，等. 核桃加工工艺及成套设备［J］. 农机化学研究，2011，33（4）：235-241.

［7］杨虎清，席玙芳. 核桃的营养价值及其加工技术［J］. 粮油加工与食品机械，2002（2）：47-49.